做人生的国王
成为心想事成的自己

预见
才能遇见

如何规划和掌控自己的人生

洪海江◎著

中国财政经济出版社

图书在版编目（CIP）数据

预见才能遇见：如何规划和掌控自己的人生 / 洪海江著 . — 北京：中国财政经济出版社，2015. 2
ISBN 978 - 7 - 5095 - 5666 - 5

Ⅰ. ①预… Ⅱ. ①洪… Ⅲ. ①成功心理 - 通俗读物 Ⅳ. ①B848. 4 - 49

中国版本图书馆 CIP 数据核字（2014）第 215020 号

责任编辑：马　真　　　　责任印制：刘春年
责任校对：甄　飞　　　　版式设计：丁丁图文

中国财政经济出版社出版
URL：http://www.cfeph.cn
E - mail：cfeph@cfeph.cn

社址：北京市海淀区阜成路甲 28 号　邮政编码：100142
营销中心电话：010 - 88190406　北京财经书店电话：010 - 64033436
北京中兴印刷有限公司印刷　各地新华书店经销
787 × 1092 毫米　16 开　14. 5 印张　170 000 字
2015 年 2 月第 1 版　2015 年 2 月北京第 1 次印刷
定价：36. 00 元
ISBN 978 - 7 - 5095 - 5666 - 5/B · 0027
（图书出现印装问题，本社负责调换）
本社质量投诉电话：010 - 88190744
反盗版举报热线：88190492　88190446

伟大人生的秘诀在于预见

这个世界是由两种人构成的，他们决定着社会的结构，无形地区分着社会的等级。

第一种人，他们在做决定之前，就已想过自己将会得到什么，该怎么做才能达到自己的目的。他们不相信命运的安排，坚信自己是个人世界的主宰，有能力决定自己的未来，决定人生的走向。

第二种人，他们按照已有的规则做事，无论做什么事都会顺其自然，觉得自己无法对抗命运，失去的与得到的都是命中注定的，不去想，更不会规划自己的人生。

以上分类是本人在近十年的生涯规划咨询实践中，对各种对象概括分析的结果。在我所接触的人中，有太多成功和失败的故事，从中我总结出了对生活的看法。也许它未必准确，但这个世界上有很多真实的故事还可以证明，伟大的人生秘诀就在于你是否能够预见你的未来。

这个世界上有70%的人属于第二种人，他们一生碌碌无为，虽然有时也会有幻想，但要么是一些脱离实际的假想，要么就是停留在大脑皮层中的一种空想，总体来说，他们对自己的认识不够清晰，不能根据现有的资源设计自己的方向。或许他们中有10%的人会通过自己的努力获得一些专业特长，但因无法正确规划自己的人生，到最后只有极少数的人能够取得不错的成绩。

毋庸置疑，第一类人的数量很少，但他们才是生活中真正的强者。他们知道预见自己的人生，知道怎样才能让自己的预见变得有意义。这种能力成就了一个又一个伟大的领袖和商业精英。

常言道，人生就像下象棋，我们都像那未过河的卒子，只进不退！

所以，每一个人都要为自己的人生列出一张生命的清单，也就是人生规划，只有你敢于预见自己的未来，才能在若干年后遇见心中最想见的自己。一个人如果不能好好地规划自己的人生，且不清楚自己的目标，即使他的学历再高，知识面再广，那也只能是一个碌碌无为的庸人，一辈子都只能在别人的眼皮底下讨生活，白白地虚度光阴。

不少人这样问过我："我的人生该何去何从?"对于这句话的最佳答案，就是积极地预见你的人生，走好人生的每一步。没有目标的征途就像一个无底的黑暗洞穴，你永远都不会有走出洞穴的那一天。所有人生中美好篇章的开始必定有一个坚定的目标。在人生的道路上行走，只有一往直前的勇气是不够的，更需要有一个明确的方向来指引你的脚步。

在当今这个信息更新以秒计算的时代，到处充斥着激烈的竞争。要想在这些竞争中脱颖而出，就必须对自己的人生有所预见。

"凡事预则立，不预则废。"在不同的时期，可以根据自己的预见去完成不同的目标，这样就能给自己一步一步地接近成功打下一个坚实的基础，让生活变得更有意义。

本人是国家一级职业指导师，也是南京师范大学新闻与传播学院的一名传播学研究者。在生涯规划的实践中，我越来越清晰地感觉到，预见不仅是一种意识、一种能力，更是一个自我内传播的过程，是自我觉醒、自我对话、自我决策、自我实践的过程。

在这本书中，我会详尽地向你阐述如何预见自己的人生，如何才能让自己的预见得以实现以及如何避开人生规划的误区，如何能在若干年后遇见心中的自己。同时在这里，你也会读到很多成功人士的事例，他们的经历会对你的人生产生很多的启迪和影响，这样，在你感到迷茫的时候，或是觉得生活欺骗你的时候，可以在这里找到好的方法来对待生活。人生是自己的，要做自己人生的国王，正确地对待自己，成功地发现自己，客观地分析自己，在自我传播过程中把握关键点，给自己圆满的超越。

我迫不及待地要把这本书推荐给更多的人，它不仅仅是为需要进行职业规划的人而写，更是献给每一位在这个巨大而纷繁的世界里，渴望成就自己人生价值的人。

洪海江

CONTENTS 目录

第一章 做自己的国王

——觉醒是人生规划的起点

第二章　我想成为谁

——王侯将相宁有种乎

第三章　我是谁

——“自己”才是真正的起跑线

第六章　你的预见是否已遇见

——逗号，句号，感叹号！

第七章　幸福公式：生活质量 = 未来蓝图
——终极导航幸福的彼岸

第一章

做自己的国王

——觉醒是人生规划的起点

镜像人生：《中国合伙人》

成冬青说：“梦想是什么？梦想就是一种让你感到坚持就是幸福的东西。我们只有在失败中寻找胜利，在绝望中寻求希望。”

为了梦想，农村出身的成冬青，在两次高考落败之后，为了摆脱像父辈一样继续当农民的命运，在叔伯乡亲面前跪下，只求获得一次“再考”的机会。面对最后一次来之不易的机会，成冬青拼命背下整本英文字典，从明眸变成近视眼，终于考上了燕京大学。

在燕京大学，“土鳖”成冬青因为“美国梦”而结识孟晓俊和王阳。但是，最终只有孟晓俊完成了这个梦想。成冬青失望之余，只有留校任教，却又因为私自在外面授课而被校方除名，成了一个真正的“失败者”！

当他独自走在街头，看着街上来来往往的人群，那一刻，他觉得自己是那么的格格不入，他觉得周围的人怎么都那么幸福，自己仿佛置身于另一个世界。那一刻，他意识到，“掉在水里你不会淹死，待在水里你才会淹死，你只有游，不停地往前游”。

于是，有了后来的新梦想。

于是，有了后来上市公司的新梦想。

面对未来，有的人茫然失措，因为他没有预见；有的人斗志昂扬，因为他已经预见。

你的人生王国谁在做主？不要再让他人对你的人生指手画脚，你的地盘只有你做主！人生最大的悲哀不是你不敢做，而是你不敢想，不敢预见自己美好的未来。给自己一个梦想，给梦想一个规划。

你过去的想法决定了你现在的活法，你现在的想法将决定你将来的活法。要想在未来遇见梦想的一切，就从此刻的预见开始！

01 人生规划你知多少？

今天的预见决定明天的遇见

很多人在人潮汹涌的世上白白挤了一生，从来没想过哪里才是自己想要停留的地方，而有目标的人始终没有忘记自己的方向，直到有一天它出现在自己的面前。

今天你确立下的目标，就是明天真实生活的写照。

有些思想消极的人，会觉得用现在的思想去规划未来的蓝图有些不太现实，所以他们逐渐沦为失去梦想的人。而有些人，无论生活多么艰苦，也不忘记规划自己的人生，于是他们成为永葆梦想、永葆奋斗激情的人，最终遇见那个成功的自己。

如果一个人不知道自己要去哪个码头，那么任何风向对他来说都不会顺风。一个人可以非常清贫、低迷、困顿，但不可以没有梦想，只要梦想存在一天，他就有可能改变自己的现状。

能否取得成功的关键不仅仅在于你付出多少努力，还在于你把未来的自己放在一个怎样的高度，有梦想的人能看到未来的自己，没有梦想的人未来就是一场随波逐流的消遣。

一位中国的老太太在香港旅行。有个少年投海自杀时被警察救下，他是美国黑人与日本人的混血儿，愤世嫉俗，穷途末路。老太太到警察局要求和少年见面。

“孩子，你生来就是要为这个世界做一件除了你谁也不能办到的事。”老太太用柔和的语调说。

“哼！”少年转过头去不理会。

少年选择自杀是因为他的人生失去了方向，没有目标，不管看什么都感觉一片黯淡，所以他觉得生活失去了意义。

“不信，跟我来，我带你去看。”老太太说。

少年跟着老太太来到了一个小花园，老太太拿出一根竹子做的横笛递给少年。

少年接过横笛放在嘴边专注地吹了起来。

“看吧，你是我听过的吹得最好的，能告诉我，吹笛的时候你看到了什么吗？”老太太慈祥地看着少年。

少年曾经是一位竹笛爱好者，只是没有想过把它当作一种职业，后来生活中的各种不如意，让他丢弃了竹笛。

“我看到了站在舞台上的自己。谢谢你，我知道该怎么做了！”少年谢别了老太太，吹着口哨离开了。

一年后，老太太收到一份邀请函，邀请她参加一场音乐会，邀请人正是当时的少年。

人生最大的悲剧，就是失去了追求的目标，因此觉得没有了明天，甚至要毁掉今天。

只要找到生活的目标，人生就会充满希望和激情，就会有继续生活下去的动力，让每一天都过得有意义，若干年后成就现在期望的自己。

做自己的国王！觉醒是人生规划的起点，觉醒的核心是明白了一个最简单又最不容易做到的道理：我是我自己的主宰，我是我的王国唯一的国王，我要对自己的未来负责，也只有我才能对自己的未来负责。觉醒的标志是梦想，人类如果失去梦想就像鸟儿失去翅膀永远无法飞翔！具体来说梦想的呈现方式是目标，清晰的目标！不去想，你怎么知道自己不行，人生最容易衰老的不是容颜，而是失去人生目标后的心。如果现实是一座囚笼，那么能将你救赎的是梦想，只有它才能让你有不顾一切冲破囚笼的动力。

我能做什么？我想做什么？我想成为一个什么样的人？我想拥有一个怎样的人生？这些都是我们在预见未来前的准备。自己现在的能力，喜欢的事物，将来想成为一个什么样的人，想得到什么东西，只有清楚这些，我们才能确立人生的目标，让今天的预见成就明天的遇见。

一个人最大的投资就是自己的人生，做好人生投资的关键，就是要确定自己的追求，明天自己是怎样的人，关键看今天你对自己的定义。这是人生规划的起点也是自我传播的起点，你无法叫醒一个装睡的人！

你到底想要什么？

人生有三大遗憾：不会选择，不坚持选择，不断地选择。

之所以会出现这种遗憾，主要是我们对自己的定义不是很清楚，不明白自己的价值，不清楚自己的追求，更不明白自己内心最真实的渴求。我们需要什么？怎样才能满足我们现在匮乏的内心或是物质？

如果你觉得迷茫或是感觉前途一片黯淡的时候，你该问问自己：“我到底想要什么？”

生活的理想是为了理想的生活！人生的终极目标不是工作，而是工作着的生活状态和工作后给自己和家人带来的生活状态。

一个人最大的成长是敢于面对真实的自己，清楚自己所想，并为自己所想得到的东西有计划地奋斗。在计划前，有一张真诚坚定的脸，在计划后，有一颗永不放弃勇敢追求的心。

村子里住着穷人和富人，富人每天早出晚归地在外面忙生意，穷人则每天悠闲地在家守着自己的一亩三分地。

有人问富人：“你究竟想要什么？为什么让自己这么忙碌？”富人说：“我想在大城市买一套大房子，有足够的钱，让自己的晚年生活过得不那么辛苦。”

有人问穷人“那你想要什么?”

“我不知道，没想过，反正过一天算一天，这样也挺好的，不愁吃穿。”穷人这样回答。

富人说：“等我这家饭店的营业额和客流量达到我的要求之后，我会在别的地方开连锁饭店，争取十年后在国内很多地方都开设连锁饭店。然后等生意稳定了，就在我喜欢的城市买套大房子，享受生活。”

穷人说：“我没他那么多的想法，我也没那个能力，反正不挨饿受冻就行。”

十年后，在这个村子里，没有人再看到富人的身影，但是我们在好多地方都看到了富人经营的酒店，他已经成为一个连锁酒店的总裁，并且在他喜欢的那个城市买了一套别墅，完成了自己的人生目标。

而穷人呢，依旧在村里扮演着一个穷人的角色，过一天算一天。

穷人之所以一直是穷人，是因为他的人生没有梦想，不知道自己想要什么。富人之所以一直是富人，是因为他有梦想有追求，有自己的人生规划和定义，并且愿意为了自己的计划而努力奋斗。

人生是一段未知的旅途，我们永远不知道前方会遇到什么样的风景，或是荆棘密布，或是乌云满天。但是只要我们有梦想，我们就会为自己想要得到的东西倾尽所有的精力与努力，只为到达梦想的彼岸。

无论是在工作中，还是生活中，做任何事情都需要有目标有计划，而在计划实施过程中往往会耗费许多的精力和漫长的时间，有时甚至计划还没有完成，我们就已经身心俱疲。所以我们需要梦想去支撑自己的选择，当我们看到辛苦付出背后有我们想要的东西，即使遍体鳞伤也不允许自己放弃。

人生最大的悲剧是不清楚自己想要的是什么，没有梦想就没有希望，没有希望就没有继续努力的动力。每一个人都有因为缺乏而需要满足的东西，这种东西叫做需求，也是你生命的意义，找到了生命的意义，每个人都能做一些了不起的事情。

人得活得明白

在相同的环境中，为什么有的人贫穷，有的人富裕？其实人与人之间最大的差别不是高矮胖瘦，也不是单眼皮与双眼皮，而是思想、性格和对事物的追求有所不同。独立人格至关重要！

缺乏规划的人生一样会在时间流逝中度过。这样的人生缺乏自主经营的意识，人生的决策通常是被社会的习惯性力量来推动的。读书、工作、买房、结婚、生孩子、供孩子读书，生命进入一个亘古不变的轮回。生涯规划的意义在于找回自己，根据自己的独立意志和人格作出更有意义和价值的选择。人，得活得明白！别人能成功的事情不一定适合你，选一双合适的鞋去寻找适合自己的路，一步一个脚印，才能走出一个独属于自己的未来。

在我们身边不乏盲目跟风的人，这些人的共同特点就是不清楚自己的目标，不知道自己的价值，对自己的能力存在质疑，属于那种骨子里自卑的人。他们以为复制别人的经历是安全的成功道路，忽略了自己也失去了自己，活在别人的光环下即使成功自己也不会快乐，如果失败将会一无所有。

如果你刚刚大学毕业或是你想开始新的生活，如果你同时也是一个有理想有追求的人，建议你以自己的追求为目标，以自身的情况为参考条件去规划自己的人生。选择一条适合自己的路，即使再累再苦，也要踏出最真实的自己，舞出属于自己的精彩！

张静原是一名公务员，现在在一家知名外企担任培训导师，工作不仅轻松而且薪水也相当可观。

“当初的工作也不错，为什么会辞职？”在给新学员培训的时候，有人问张静。

“是的，公务员确实是很多人都追求的目标，因为我哥哥是公务员，所以他鼓励我也去从事这份工作，我当时也没什么别的追求，所以就报考了公务员。”张静停顿了一下，继续说，“公务员这份工作，环境不错，工作也比较轻松，只是我是个不喜欢将就的人，那种如白开水一般，喝下去永远都是一个味道的生活，我并不喜欢。”张静说完把自己的戒指摘下来放在身边一位学员的手上。

“这枚戒指是意大利知名设计师的新作品，全球限量版。”张静对身边的学员说，“喜欢吗？”

学员点点头：“喜欢！”

“那戴上它。”张静拍拍她的肩膀。

这位学员的手指和张静的比起来，足足粗了一圈，所以戒指毫无疑问地戴不上去。

“为什么会戴不上去?”张静收回那枚戒指重新戴到自己的手指上，“因为这是我的，别人戴着不一定合适。”

生活中的我们亦是如此。当我们看到别人的工作不错，自己也想尝试一番，但这么做其实只是被表面的利益所吸引，并没有去考虑这份工作的性质、状态、收获到底适不适合自己，是不是自己想要的。也许在同一个岗位上，你付出跟别人一样多的努力却得不到跟别人相同的效果。坚持是好事，但前提是那条路适合你，如果盲目坚持，就变成了固执。不撞南墙不回头的勇气固然可嘉，可你在不适合自己的道路上即使撞得头破血流，也仅仅是浪费自己的时间和精力，至于受到的伤害也变得毫无意义。

人生需要面临太多的选择，但属于自己的正确答案只有一个。也许有的人习惯模仿，看到别人的选择，也照着去做，并且信心十足，可结果往往是事与愿违。

其实，我们每个人的心中都有一双翅膀，但为了安全和舒适，我们总爱寻着别人的脚印，从而失去了寻找精彩世界的能力，一旦有场雨冲淡了脚印，我们才发现原来自己也可以飞翔。

别人走过的路纵然辉煌灿烂，若自己去走却不一定能找到出口；别人成功的故事即使感人至深，若复制到自己身上却不一定能成就璀璨人生。

合旋律的舞蹈才精彩

人的一生不是只有繁华绚丽才算完美，同样，一个人也不会因为梦想伟大而被称为梦想家。

有些人成功不是因为他们比别人幸运，而是因为他们选择了一条适合自己的道路。只有合旋律的舞蹈才能舞出令人赞叹的精彩，只有适合自己的东西，才能把我们映衬得更加完美。

有些人无论在什么场合都会显得格格不入，不是因为他不想融入，而是因为他没有找到适合这些场合的衣服或是语言表达。如果你想确认自己是否适合一件事情，不必等到失败之后才恍然大悟，在你做这件事的时候，只要留心观察身边人的表情或是停下来关注自己的内心感受，你就会确认这件事是不是偏离了自己的最初梦想。

只有适合自己的事情做起来才不会感到疲惫，也不会让身边的人觉得你不入流。每一个为自己的未来规划、为未来奋斗的人都是梦想家，其中的关键是这个梦想是适合你去完成的。否则你会在一条偏离人生的轨道上渐行渐远，更不要说以后创造完美的人生了。

在梦想面前人人平等，因为在最开始时，我们都处在人生的新起点。有的人能根据自己的性格特点、能力大小，最终确立属于自己的目标，并以这个目标为路标，坚定不移地前行在这条轨道上，最终谱写自己繁华的人生乐章；而有的人喜欢借鉴别人的想法，最终因为承受不了强大的反差，身心俱疲而放弃。

英国的某小镇上有一个青年人，整日以沿街说唱为生；还有一个在此留学的华人少年，远离家人，靠打零工来赚取自己的生活费。

他们经常在一家小餐馆用餐，彼此也相当熟悉。有一天，华人少年对青年说："不要沿街卖唱了，找一份正当的工作，我可以介绍你到我们国家去教书，在那儿，你可以拿到比现在高很多的工资。"

青年听后，先是一愣，然后说："你认为我现在做的不是一个正当的工作吗？做这份工作我感觉很快乐，而且还可以得到锻炼，我何必远离祖国，抛弃家人，去做我根本不喜欢也不适合我的工作呢？”

旁边的英国人，无论老人小孩，听后也都为之愕然。他们不明白，仅仅为了多挣几张钞票，抛家舍业去做一份不适合自己的工作，有什么可炫耀的。在他们眼中，做适合自己的、能实现自己价值的事才是人生最大的幸福，这样的人生才是精彩的人生。

华人少年听后开始问自己，难道这里的大学真的适合我吗？难道国内就没有适合我的大学吗？我为什么让自己那么辛苦呢？

于是少年决定离开英国。

“我的未来不在这儿，我的舞台在中国。”少年临走时对自己的导师说。

目标没有正当与不正当之分，只要是自己喜欢的，能给自己带来快乐的，能让自己的内心感到充实并能认识到自己的精彩的，就是一个正当的目标，就能成就未来自己美好的人生。

人生就像一场舞蹈比赛，每个人都有一首属于自己的特定曲目。我们的每一步都是在这首特定曲目下的舞蹈，不在节奏上的舞蹈就会被淘汰，只有合旋律的舞蹈才精彩。

如果你现在正从事一份自己不喜欢的工作，并且在工作上一无所获，你不妨回头看看曾经的自己，或是停下来聆听自己内心的声音，它会告诉你应该怎样做，怎样完善自己。

我们所做过的每一件事，无论成功失败，都能反映出最真实的自己，以这些事情为参考，选择一套属于自己的舞步，创造自己的幸福。

给自己的人生设个导航

生活在我们面前呈现出千变万化的姿态，一不留心便会被别的风景所吸引，与最初的梦想渐行渐远。

蓦然回首，凌乱的步伐，充满了人生无尽的心酸。所以，若想在姹紫嫣红的世界，摸索着走向终点，着实是一场未知的冒险。像在天空中翱翔的雄鹰一般，若不是有一条既定的路线，它怎能在广阔的天空中找到理想的目标。

理想与现实之间总有一段很长并且十分抽象的时间距离。目标的实现说难不难，说易也不易，只要你肯花时间去规划自己的人生，找一条合适的路去连接现在与你所期望的未来，便能到达梦想的彼岸。

没有计划的人生，就像一只无头苍蝇，怀揣着美好的憧憬，到处乱撞，既耗费了时间与精力，也让自己遍体鳞伤，这样的人生不仅痛苦也失去了意义。

现在的我们所仰望的终点的风景，即使再美也无法身临其境。人生就像一个多维坐标系，目标就停留在某一个点上，若想到达那个点，就必须合理安排自己的路程，朝着它所在的方向努力前行，才能在时光的安排下与理想的另一个自己不期而遇。

我们身边有很多“路盲”“路痴”，只知道前后左右，不认识东西南北，但是他们并没有走丢。没有导航的年代，路在自己的“嘴”里，只要愿意开口问就能到达目的地，就能找到回家的路。如今是一个移动互联的时代，是一个手机可以导航的年代，有了万能的“导航软件”和“林志玲”甜美的语音播报，我们只要学会设置导航就能到达目的地，就能顺利找到自己的家。

万能的导航，让我们节省了时间，提高了效率，让我们不会迷失在前进的路上，不会走失在回家的途中。给自己的人生设个导航，就能穿越时空预见未来，就能在未来遇见理想的自己。

两个具有相同理想的人，为什么一个成功，另一个却失败了？不是因为天资不够聪慧，也不是因为运气不够好，而是没有给自己一个明确的人生规划。没有规划的人生就像一匹脱缰的野马，虽不断驰骋，却无法到达终点。

给未来一个规划，无论命运把自己推向什么位置，把握好自己，为自己的未来找一个支点，那么你的生命就会有滋有味，未来的自己也会活得很好。

怎样才能实现理想的生活？首先你应该了解自己的追求，然后根据自己的能力、处境、性格去规划一条通向终点的道路。

梦想的特点、你本身的优势、现实的需要，这些都是我们在规划人生道路前应该考虑的。只有清楚自己，清楚未来，才能让自己的规划更加丰满，让自己的追梦之路变得更加生动，更容易成功。

一个人应该有永远让自己获得幸福的动力，有支撑自己全部生活的信念，只有这样才不至于在时间的长河中迷失最初的自己。这个信念就是我们通向未来的人生规划，即使遇到再大的风雨，我们也能在它的支撑下一如既往地前行。

避短扬长，切忌贪婪

最开始时，我们每个人只是人生舞台上的龙套演员，表现得再好，也只有自己知道，我们唯一当主角的机会就是在理想和愿望得以实现时。生活不需要我们把每个细节都做到最好，只要愿望能实现，我们就是最好的。

有些事即使我们再怎么努力做也无法达到让周围人惊叹的地步，每个人都有自己擅长和不擅长的事情，把擅长的事情做好就是一种收获，至于自己不擅长的事情，尽力就好。不要拿别人的长处和自己的短处比，要知道你的长处也是别人所比不了的。

人生有太多的追求，不是每一个追求都能实现，一个完美的人不是将每件事情都做到最好，而是想做的事会让他变得更加完美。

当很多事情摆在面前时，并不是让你把每一件事情都完美地完成，而是给你一个选择，找到一件适合自己的事情，尽自己的努力，去让它变得不平凡，让自己的选择充满意义。

有的人因为觉得自己比别人聪明，总认为上天赋予了自己不一样的超能力，所以对人生中的每件事都认为有义务做好，这样不仅劳累了自己，也让自己变得一事无成。

她是个虚荣心很强的女生，什么事情都希望比别人做得好，什么事情都想尝试，对什么事情都是想到就去做，从来不去考虑这件事情对自己是否有帮助。

其实她特别聪明，学习成绩一直都很不错。上大学的时候，学校要求每个人必须选一门选修课，由于那段时间她迷上了韩剧，所以选择了学习韩语。也许是天生具有语言学习能力，她的韩语成绩是全班最优秀的。

后来学校开了一家瑜伽培训中心，她跟着朋友一起报了瑜伽培训。再后来，她又学习了古筝和吉他，努力把自己变成一个别人眼中的完美女生。

她为自己忙碌的人生作了很好的铺垫，她牺牲了自己的休息日还有金钱，开始为心目中完美的自己去努力。

大学毕业后，每个人都找到了满意的工作，唯有她，这个别人眼中的完美女人，却可怜地面临着就业的压力。

想要的太多，可得到的却很少。每项她都只是浅尝辄止，没有任何精通的技艺足以胜任某项工作，所以她才会面临就业的困扰。

她想，如果当初继续学习韩语的话，说不定自己已经取得不错的成就了。

人生有太多的精彩，我们注定会错过一些精彩，我们不可能把每件事情都做好，只要朝着自己的目标，一鼓作气，总有一天我们能成就自己美好的人生。

如果你现在有追求的目标，就不要被其他的事情牵绊，其他的事情只是生活中的一个插曲，是好是坏，我们只要尽力去做就好。目标才是我们应该追求的，只有成功，我们的人生才不会碌碌无为。

从现在起，放下那些与你的梦想和愿望没有任何关系，并且对你的人生没有任何帮助的事情，有些事情即使做得再好，终归还是不属于你，也就没有任何意义。

人生的路有很多种，但没有回头路。要记住，在未成就梦想之前，你永远不完美，只有实现了理想，才是征服了自己的人生。

生活有时候需要碰触，而不是紧握。有时候你需要放松，顺其自然地生活，不要过分担心，也不要对每件事情都过分地要求细节，学会松手，不要握得太紧。等尘埃落定，你会发现什么事值得你迈出下一步。

02　人生财富的七个层次

健康的身体是一切成功的基础

一个人存在于世间最大的资本不是智慧，而是健康的身体。强健的体魄是做任何事情都需要的，是我们的专属资产。

如果没有健康的身体，那么类似于“将来”“总有一天”这样的字眼就不会出现在字典里了。

不要等到大病后才明白，只有身体最重要，其他都是次要的。如果身体是1，那么其他都是0，1没有了，要再多的0有什么用？所以，那些平时看起来重于泰山的事情，一场大病之后，就都没那么重要了。

身体是我们人生的最高领导者，“树倒猢狲散”。身体垮了，所谓的梦想、追求也都会化作一缕青烟，消失在茫茫世界里。

不要让追求的事物变成一个永恒的梦，从现在起，善待自己，健康的体魄是我们排除一切障碍的前提。有些事没有人可以替我们承受，身体的伤痛，会磨灭我们的意志，摧毁我们的自信。

那些腾不出时间照顾身体的人，总会腾出来时间生病。能享受生活的人，才能让幸福变得更加长久。

史蒂夫·乔布斯（Steve Jobs）是苹果公司的前任首席运行官兼创办人

之一，同时也是前 Pixar 动画公司的董事长及行政总裁（Pixar 已在 2006 年被迪斯尼收购）。乔布斯还是迪斯尼公司的董事会成员和最大个人股东。

乔布斯一生都在为自己的梦想忙碌，为自己的事业打拼，他是个完美主义者。他认为，完美的质量没有捷径，必须将优秀的质量定位于自己的承诺，并坚定不移地坚持下去。他认为当对自己的要求达到一定高度，并关注所有的细节后，产品就会和别人的不一样，才能在激烈的竞争中脱颖而出。

为了让苹果在市场中占据领导地位，乔布斯一生都在为自己的事业忙碌，为此，错过了太多美丽的风景。也许乔布斯会这样想，趁现在，把自己的事业做到巅峰，用自己的力量改变世界。可当苹果正深入人心的时候，乔布斯却因胰腺癌离开了人世。

是整日的忙碌让他忽略了自己的身体，是对成功的过分渴望让他停止了对财富继续追逐的脚步。

身体是做一切事情的基础，只有拥有好的身体，才有做其他事的资本，在体力不支的情况下，要想有所作为，是不现实的事情。身体能量越强大的人拥有越强的素质，可以为其提供比同类人更多的能量。他们奋斗起来也比一般人精力更充沛，持续性更强，当然获得成功也更容易。

身体虽然不能创造财富，但所有的事情都要通过行动才能获得。如果一些人的身体比另一些人身体更健康，那么他们完全可以获得比另一些人更多的成功，而这其中的关键就是我们健康的身体。保持健康的身体是你来到这个世上的责任，健康不仅仅是不生病，理想的健康应该是保持身体的最佳机能和积极的精神状态。

快节奏的生活，繁忙的工作任务缩短了我们正常的休息时间，所以有些懒惰的人便开始早上吃一些垃圾食品或是空腹去上班，这样对身体是一种赤裸裸的威胁。

多关注自己的身体，如果你经常失眠、头晕、乏力、皮肤发黄，那么你正处于亚健康状态，也就是说离患病只有一步之遥了。你一旦生病，或常期处于亚健康状态，不仅损害自己，也会给家人、朋友、同事带来麻烦。这一切告诉我们健康不仅仅是一种责任，也是一切事物的基础。从现在起，保持积极乐观的心态，定期做一次身体检查，多进行户外锻炼，给自己一个强健的身体，一颗积极向上的心。

生命是条单行线，保持身体健康，每个人都应该努力去做，去实现。

在追求财富之前先要追求情感的丰富

天地万物都伴随着情感产生，它是一种无形的财富。通过情感我们就能告诉别人自己是积极的、健康的、阳刚的、有能力的，还是消极的、颓废的、保守的、无所作为的。情感不需要任何特别的说明，就能让人感受到它强大的气场。

有人认为，情感和财富并没有任何的关联。从本质上来说，情感是一种抽象的，基于人与人、人与事之间一个相互的认识产生的。简单地说，就是我们的语言、行动、思想、情感等结合在一起所构成的能量形式，而财富则是富足物质的一种体现。然而，情感所反映的是我们强大的内心世界，丰富的情感使我们在社会中获得更广的人脉，创造更高的价值。

一个没有情感的人，对别人来说，就像一张打了马赛克的照片，无从判断他是一个怎样的人，值不值得信任，从而错失很多合作的机会，也失去了创造财富的最佳时机。操纵人心的关键，就是掌握对方的情感，如果说健康的身体是取得成功的关键，那么丰富的情感则是追求财富的必备条件。

王天是一名高校毕业生，刚毕业那年正好赶上一家有名的外企在招聘，王天和好朋友金元参加了这场招聘会，两人都得到了面试的机会。

面试那天，王天和金元两个人准时来到公司，就在两人正在为面试做准备的时候，一位清洁工阿姨出现在他们面前。

“小伙子，你们谁能帮我把这袋垃圾抬到楼下？电梯有点故障，正在维修中。”阿姨有些尴尬地问。

“对不起，我们现在没时间。”王天对清洁工表示歉意。

阿姨并没有离开：“我真的赶时间，何况这是三楼，花不了你多少时间的。”她和王天商量着。

“我真的没时间。”王天有些不耐烦。

“我帮你。”金元弯腰打算去抬垃圾。

“你疯了，还有两分钟就面试了。”王天小声对金元嘀咕。

“除了我，没人会帮她。”金元对王天说，“所以，我必须这么做。”

金元帮完清洁工阿姨回来的时候已经迟到了，他站在门口，看到里面的王天正在接受面试。

“觉得后悔吗?”一位中年男子走过来问金元。

“不后悔，因为她当时真的需要帮助。”金元坚定地说。

“不错，年轻人，很尊重自己的内心。”中年人说完便离开了。

两天后，金元收到一封邀请函，说是已经通过公司的面试，邀请他明天参加公司举办的企业年会。

后来金元才知道，那位中年男子正是这家外企的CEO。

一个人如果没有丰富的情感做积累，就无法在现实的生活中得到理想的答案。情感代表一个人的经历，只有经历丰富的人，才能轻而易举地取得成功，获得更大的财富。

多结交些不同的朋友，多走出去看看外面的世界，从别人的眼中认识自己，从另一个环境中发现对生活崭新的情感。

没有人一生下来就具备丰富的情感，他们的情感都是通过和人、事、物的接触，逐渐积累起来的，不要封闭自己的内心，用心去生活，努力追逐梦想。

情感是生活中的润滑剂，它可以调节我们的生活，激励斗志，为人生创造更大的财富。

好的人际关系使财富更有意义

有人说，善于沟通、善于交际的人，无论把他放到什么环境中，他都有能力生活下去，而且活得比别人更精彩，更容易成功。

人与人之间的接触，需要情感的表达。良好的人际关系会帮助你发现自己的不足，增加自信，让追梦的过程变得更有意义。

累的时候，有人会抽时间陪你放松；烦的时候，有人愿意听你的牢骚；颓废时，有人费尽心思鼓励你；迷茫时，有人为你指明前进的道路。只有好的人际关系，才能让你在追求梦想的艰辛旅途中不至于感到孤独，让自己的每一份付出都变得有值得回忆的意义。

好的人际关系是需要培养的，你不是人民币，不可能让所有的人都喜欢你，同样，你也不会喜欢所有的人。俗话说：“萝卜白菜，各有所爱。”有爱就有不爱，有喜欢就有厌恶，这个很正常。但是，因为不喜欢某个人，而给其贴上“讨厌”的标签，这种方式，就像建起了一堵墙，阻碍着我们进一步认识对方，从而错失很多交友、合作的机会。

没有好的人际关系，很难取得成功，也很难创造更多的财富。在这个以人和金钱组成的社会，两者缺一不可，所以，拥有好的人际关系才会让财富变得更有意义。

京都南禅寺的门前有两位向游人出售贡品的老婆婆。大家都叫她们“苦婆婆”和“笑婆婆”。“苦婆婆”不喜欢交流，见人也不太爱笑，遇到不顺眼的人还会破口大骂；而“笑婆婆”每天见了人就笑着打招呼，不管陌生人还是常见面的老朋友。所以，“笑婆婆”每天的生意都很红火。

很多年过去了，“苦婆婆”的生意一直很惨淡，而“笑婆婆”已经在城里为自己的小儿子买了套房子。

一天，“苦婆婆”跑到寺里问老住持：“大师，为什么我的生意一直不好呢?”

住持对“苦婆婆”说：“为什么你总是苦着一张脸呢?”

“大师，你有所不知，有的人真是看着不顺眼。”“苦婆婆”回答。

住持笑着对“苦婆婆”说：“喜欢是相互的，你不喜欢一个人，你还会喜欢她经营的东西吗?”

“苦婆婆”得到住持的点悟，当即露出笑容。之后，“苦婆婆”也变成了“笑婆婆”，整日笑口常开，越来越多的人喜欢她，她的生意也变得越来越好。

要想得到好的人际关系，创造更多的财富，首先，你要真诚地去喜欢别人，如果你实在不喜欢这个人，不妨寻找他的优点，想想他的好处，你会发现，即使再卑微的人也有值得你尊敬的地方。试着跟他相处，也许他就是你生命中的贵人，也许他能让你的财富变得更有意义。

其实，身边的每个人对你都是有益无害的，相信任何人都是善良的，哪怕是你的敌人，这会让你跟他一同进步，一起创造更多的财富。

人际关系越好，你的心情就会越好，阻力就会越小，多个朋友多条路，你的人生之路会变得更宽阔，更有意义。

有充足的时间享受生活

总在压力下工作，累坏了自己，特傻！身体是自己的，自己都不对自己好，还有谁会对你好？追求梦想的过程中，我们必定会很劳累，所以，我们要找出时间享受生活，人就这一辈子，不要让自己在整日的忙碌中度过，特亏！

再忙、再累、再辛苦，也要留一点时间给自己，生活不仅仅是让我们忙碌的，否则你会觉得人生下来就意味着受苦，会觉得生命失去了它本来的意义。懂得享受生活的人，会让每天都充满正能量，每天带着一腔饱满的热情迎接着不同的风景。

会享受生活的人，才更懂得生活，不要让自己总沉浸在抱怨中。想抱怨的时候，不妨为自己沏一壶茶，听听优美的音乐，你会发现，生活如此美好。

不要轻易地发脾气，不要过分地苛求自己，不要让自己的生活总处于快进状态中。安排好每天的时间，并给自己留下充足的时间，该工作的时候一心一意地工作，不要把工作带回家，要有充足的时间休息。每周或是每个月都给自己安排一次外出旅游的机会，没有时间享受生活的人，往往能找到时间抱怨。

多年前，我跟一个好朋友聊天。那时候她的母亲刚刚去世，她告诉我说，她在整理母亲遗物的时候发现一件丝绸上衣，那是自己在母亲节时送给母亲的节日礼物，在一家名牌店买的，算是一件雅致、华丽的奢侈品，高昂的价签还挂在上面。她母亲一直舍不得穿，总说要等到一个重要的场合再拿出来穿上。

讲到这里，她停住了，声音变得哽咽起来。我也没接话，只是陪着她一起沉默，过了好一会儿，她起身泡了一壶茶，那是她刚托朋友买回的上好的普洱。她是一个会享受生活的人，不管多忙，她每天都会腾出充足的时间做自己喜欢的事。

“再也不要把好的东西都留在重要的场合用，我们活着的每一天对我们来说，都应该是最重要的场合。”她端起一杯茶放到鼻尖，闭上眼睛，缓缓地吸了一口气。

以后，每当想起她说的这句话，我都会把心里的工作放下，拿上鱼竿，带上一把伞，沏一壶好茶，坐在溪水边紧紧抓住一些时间，享受自己的生活。

有些时候，你认为重要的场合一直都未出现，而“将来”、“那一天”却已不在你的生活中了。生活中总有什么值得高兴的事情，有什么想要得到的事情，现在想到，就要得到。

你是不是也应该停下来歇一歇，尽情地爱自己，抓住时间过自己想要的生活？合理安排自己每天的时间，规划好自己的人生。做任何事情都不要想着拖延，试着喜欢身边的每一个人，爱自己的工作，告诉自己，不要让烦恼的事情影响自己的好心情，用美丽心情迎接生活中的每一件事情，享受每一天。

从现在起，不管工作压力有多大，工作有多忙，都不要抱怨，不要带着怒气，而去享受生活中的每一天。多抽出一些时间去做自己喜欢做的事情，让自己的生活不单调、乏味，让自己的人生不留下遗憾。

喜欢自己从事的工作

人生中总有些事不能按照自己预想的那样发展，当生活不能适应我们的时候，我们要学着去适应生活，学会减少自己的消极情绪，积极面对每一天的生活。

懂得享受生活的人，会试着喜欢自己从事的每一份工作。每一项工作都有让你喜欢和不喜欢的地方，多挖掘工作中你的兴趣点，会让你变得喜欢它。如果你实在找不出喜欢这份工作的理由，你就把它当作人生中的一场挑战，每天抱着必胜的心态去面对。敌人不一定都会让你心烦，直到有一天，你打败它的时候你会发现，其实它也很可爱。

每个人都是如此，对于喜欢的东西，就会努力做到最好。工作是我们在这个世界上生活下去必要的经济手段，我们只有喜欢它，才能更持久地做下去，才能做得更好。

喜欢是一种简单的情绪，情绪是可以控制、可以改变的，关键要看你的心态。一个对生活积极的人，总有好的心态，即使不喜欢的事物，也能找到喜欢的理由，所以积极生活的人更容易成功。

你不喜欢的工作，多半是因为你做得不够好，已经对自己失去了信心，从而怀着消极的心态去工作。倘若能调整好自己的心态，多向成功者请教、学习经验，相信自己一定能做好，等你取得成功后，你就会觉得，自己已经喜欢上了这份工作。

有一位美国商人坐在墨西哥海边的一个码头上，很好奇地看着一位年轻的渔民在海上来回游荡。

“咦，你的战利品呢?”渔民靠岸的时候，商人问。

“喏！”渔民伸脚踢了踢船舱里的几条小鱼。

“你怎么看待这份工作？”商人问。

“我现在的工作所能赚到的钱和环境我都很满意，但是我不喜欢这个工作，可又不知道自己喜欢什么，我能怎么办呢？”年轻的渔民抱怨着。

“那你为什么不选择放弃？”商人继续问。

“放弃了，我吃什么？这份工作虽然我不是很喜欢，但它能让我的生活变得安逸，能让我生存下去。”渔民激动地说。

“理想的工作有两个特征：一是有一个良好的工作环境，二是为了得到更多的收入。现在你“两者”都基本具备了，你还有什么要求呢？”商人拍了拍渔民的肩膀，离开了。

一个月后，商人再次来到码头，那位年轻的渔民微笑着和他打招呼。

人们常常会有这样的苦恼：自己所从事的不是自己喜欢的工作，却能给自己提供稳定的收入，让自己过上安逸舒适的生活，因此狠不下心来辞职不干。而自己喜欢做的事情却可能无法满足自己的生活需求。

自己当初选择这份工作，肯定是这份工作有什么地方让你愿意接受。既然做了，当然是这份工作最初是你喜欢的，你需要用心去发现这份工作的优点、对你的好处，这样你就有充分的理由喜欢这份工作。

想要在社会上生存，前提条件就是我们赖以生存的物质条件，我们工作的目的无非是在温饱之余，实现自己的人生价值。所以，我们没有理由不喜欢一份养活我们，并提供精神寄托的工作。

做自己喜欢的工作，成功的机会就会大一些。的确，因为喜欢，所以兴趣十足，充满激情地工作，就算一天工作八九个小时，也不会觉得累。但是做一份自己不喜欢的工作，每分钟都充满了埋怨，没有热情去创造更多的价值，除了浪费时间，还让自己的身心不愉快。

全力以赴去给予这个世界

这个世界把它所拥有的一切都倾囊相授，作为回报，我们应该全力以赴地给予这个世界。这是生活在世界上的每个人都应该做到的。我们的工作、生活、心态都影响着我们的生活，我们要努力让自己的付出得到回报。若干年后，我们用自己的成就回报世界对我们的培养。

我们每个人生活中的每时每刻都从世界中汲取自己活下去的能量，我们的经历帮助我们看清一些人、懂得一些事，我们沿着最初设下的路线，在未涉足的领域，摸索着走向人生的巅峰。

我们的身体早已融入这个世界。我们身上揣着日程安排和待办事项备忘录，手里拿着智能手机和平板电脑，桌上放着一本台历，电脑上也贴满备忘便签，窗口里还时不时弹出各种提醒框，这些无非都是用来帮助我们更好地管理时间，时刻提醒我们应该全力以赴对待这个世界。

每个人都希望自己能够精神百倍、全情投入，因为只有这样，才能实现自己的人生价值。世界成就了我们，我们也会为世界的更加美好全力以赴，做好人生的规划，完成梦想。

制定好自己的人生路线，用尽全力做所有的事，不轻易放弃，相信自己，努力让自己每天离梦想更近一步，让终点的自己更加闪亮。世界是公平的，你给予世界什么样的态度，世界就给你怎样的人生。

这是一个很老的故事。

有位老木匠准备退休，他告诉老板，自己年纪大了，是时候离开建筑行业，回家和老婆孩子享受天伦之乐了。老板舍不得他的这位好工人走，就请他临走前再帮自己建一座房子。

老木匠答应了。

但是大家都看得出来，他的心思已不在这份工作上，他偷工减料，做出来的活儿自然也不像从前那般好。

房子建好后，老板把钥匙递给他。

“这是你的房子。”他说：“你一生都在为别人建造房子，这是我送你的礼物。”

老木匠听到老板的话，震惊得目瞪口呆，羞愧得无地自容。

如果他早知道这是自己的房子，他怎么会这样做呢？如果当初全力以赴，自己现在也不会住在这座粗制滥造的房子里了。

我们又何尝不是如此呢。我们漫不经心地对待这个世界，不积极投入，而是消极应付，凡事不肯全力以赴，不尽自己最大的努力。等我们醒悟过来，才惊觉自己已经住在一所粗制滥造的“房子”里。

经营生活就像建造房子一样，每天钉下一颗钉，加上去一块板，或者竖起一面墙，用你的智慧好好经营自己的生活，全力以赴给世界一个精彩的自己。

有一天，我们实现了自己的人生价值，我们就会为这个世界创造更多的财富，给予这个世界又一个值得歌颂的人生。

从现在起，认真对待你身边的每一件小事，努力完成分配给你的工作，多用积极的情绪感染身边的每一个人。远离消极的、不健康的情绪，主动帮助身边的每一个人，将快乐传递。

庆祝生命中的小成就和快乐

有的人总幻想着能成就一番惊天动地的大事，而忽视细枝末节的成功，觉得像比尔·盖茨那般富有才算有所成就，才有庆祝自己的资格。可是，哪一件大成就不是由诸多小成就累积起来的呢？太紧张的生活总会让人感觉太过疲惫，身体是最重要的财富，要懂得在快节奏的生活中寻找简单的满足。

每当你接到一张订单，或是出色完成工作的时候，不妨停下来为自己鼓下掌，这样会让你记得这一刻的成功，会让自己更有自信，也会更好地激励自己追求更大的成功。不是每个人都能取得这样的成功，你能做到这些，说明你有能力取得更大的成功。

生活的压力会让你变得忙碌，以至于忘记寻找快乐。所以当生活让你感到快乐的时候，记住这时的甜蜜，因为快乐来之不易，只有在此刻你才会暂时放下生活给你的不如意。生活虽易，快乐不易，且行且珍惜。

人生在世，谁都想过得开心一点，但是生活中总有那么多的困难、无奈、不如意，怎么能开心起来呢？其实，会享受生活的人每天都会很快乐，因为他们总能找到机会为自己的小成就和快乐感到庆幸。

有一位养路工人，在五年的时间里经历了几件事：儿子高考名落孙山，妻子患病住院半年，家中被洗劫一空，自己在马路上工作时被汽车撞断胳膊。这些倒霉事让谁遇到，谁都难以承受，可他却依然很快乐，每天都带着笑容，周围的人都夸他心态好。

他说："你们都不知道，刚开始时我真的很难过，觉得人生没有了希望，我们一家都陷入深度的焦虑中。可是焦虑并不能改变我们的生活。有一天，我发现儿子在复习班的成绩有了很大的进步，当天，我们就为儿子准备了一场简单的庆祝，那天，我们都觉得很满足。那天的快乐一直延续了好久。后来，妻子的病也有所好转，我们全家又沉浸在这件快乐的事情中。从这两件事情我发现，没有什么大不了的，儿子没考上，明年可以再考，家中财物被盗，我们还可以再买，妻子的病也会慢慢好起来的。这些都是好的事情，我们又有什么理由难过呢!”

没几年，养路工人一家的生活便有了很大的改善，儿子考上了一所有名的大学，妻子也康复了，家中的生活也逐渐好转。

人活着，要有一颗像这位养路工人般积极向上的心。人生短暂如白驹过隙，既然来到这个世上，开心是一天，不开心也是一天，为什么不让自己快乐地过日子呢？快乐不快乐，其实就是一种心态，只要心态好，再艰难的事情也会很容易地度过。

不要再为还未实现的梦想让自己变得沮丧，生活中会有很多小的成就和快乐，庆祝它们出现在你的生活里，感谢它们可以为你的生活带来不一样的体会。

时刻让自己保持一颗积极向上的心，与别人分享自己的进步和成绩，在别人的赞美声中很容易树立自信。学会发现生活中的点滴快乐，多留意好的事情，美的事物，这些都会激发乐观的神经。

不要抱怨生活的不如意，要知道，它总会过去，用现在的时光去担忧未来的事情是特别愚蠢的。

如果你在工作中得到老板的赏识，在学习中得到老师的夸奖，在考试中取得不错的成绩，不要觉得这只是一时的，通过这些小成就会让你铭记今天的美好，也会让你对未来充满自信和希望。

第二章

我想成为谁

——王侯将相宁有种乎

镜像人生：《遇见比尔》

人到中年的比尔在岳父经营的一家银行里上班，却得不到半点重用，除此之外还要遭受妻子弟弟的冷嘲热讽。几乎所有他们在一起的画面都略带鄙视地呈现出比尔被冷落的情形，生活就像每天都反复播放的电视剧一样呆板无趣。妻子也因为他的平庸而喜欢上一个新闻主播，这让他原本就糟糕的生活更加雪上加霜。

生活的压抑让他爱上了甜食，因为只有吃甜食的时候才会让他的心情变得好一些，但是这些甜食却让他的身材变得肥胖且臃肿。当他说出："生活就像一场歧视，你自己去解决吧"的时候，正是他对现在生活境况的一种烦躁和无可奈何。

比尔深爱着他的妻子，因此同意在她父亲的银行里上班，但这并不是他喜欢的工作，在外人的眼里，他就是一个吃软饭的男人。

他一直毫无目的地生活着，岳父让他一起去打猎，即使他最讨厌这个，他也没有推辞。这种无趣的生活延续着，直到他遇到一个强迫他做导师的小男孩，他支持比尔做那些在岳父家人看来都是"违反"规定的行为，他帮助比尔和这种无趣的生活说"不"，并且帮助他找到人生的目标和规划。

于是，比尔挣脱了岳父的束缚，开始了新的人生。

于是，有了后面精神焕发的比尔。

生活中，有的人激情澎湃，有的人萎靡不振；有的人觉得生活如此多彩，有的人却说生活真的了无生趣。

你想成为什么样的人？不要再让自己的生活在别人的操纵下失去了韵味，每个人心中都应该有另一个更好的自己。不要让你的生活成为一个没完没了的续集，给你的人生一个规划。只有现在的预见，才能让你遇见更好的自己。

03 没有规划的人生热闹而无趣

平庸的人生没有“一”，幸福的人生享受“一”

每个人都梦想成为万人瞩目的对象，都梦想登上人生的巅峰，做茫茫人海中的“第一”。可是，梦想总是很丰满，现实却是很骨感。这些凡事追求第一的决心，也被生活的艰难风蚀得千疮百孔。慢慢的自己便沦落为没追求的“千年老二”，不求做到最好，只求不是最差就好。

很多人目前都处在这个状态，觉得只要有份好的工作，能养活自己，能让自己有点事做就可以了，最初的梦想已经离自己越来越遥远，简直就是一种奢望。

平凡的生活缺少惊心动魄的美，会磨灭人坚强的意志力和追逐美好事物的勇气，渐渐的，人就变得懦弱、胆怯、一事无成。安于现状，是一种抹杀美好未来强有力的手段。

生活是一堂必修课，有人经过自己的努力，取得不错的成绩，而有的人则是得过且过，成绩自然不理想。这样的人，以后的人生中只有“二三四五”，没有“一”。

不知道你是否听说过“健力宝”这样一个名字，这是十年前在北方很畅销的一种碳酸饮料，夏天的时候它的身影随处可见。

为什么这么畅销的一种饮料会被淘汰？也许你会这么问。

健力宝之所以逐渐退出市场，不是因为它的产品不好，而是它没做好规划，没有与其他产品竞争的决心。

也许，你会觉得与世无争的生活是一种享受；也许，你已经习惯这种生活；也许，现实已经将你尖锐的棱角抹平。那么，这种生活真的是你想要的吗？你真的愿意一辈子都在平淡无争中度过吗？

社会是不断进步的，你若总是停滞不前，不能享受现在，那么“第一的奖品”即使再丰厚，你也只能做个看客。

“第一”是一种定位，是一种追求，是一种自我身份的确认，是一种向上的力量！第一不是简单地跟别人比，而是永无止境的自我完善，更是巧妙的自我定位。

“第一”有范围。

你是宿舍第一，班级第一，还是年级第一？你是村里第一，乡里第一，县里第一，还是全国第一全球第一？“第一”总是从身边开始，总是从小范围开始，不断自我超越就能持续进步，就有机会扩大范围。不能在小范围争取第一，就不会有机会在大范围获得地位！跟别人学，跟自己比！

“第一”有角度。

每个人都是独特的，你的存在是唯一的，经历、经验、成长都是唯一的，几个“唯一”因素的组合会让你更具特色。

我是大学老师，我也是企业培训师，我是大学老师里培训课程讲得好的，我也是培训师中有高校背景有科研项目支持的；我做过辅导员，了解大学生成长发展的过程，我做了专业教师，我知道大学生专业课程的需求，我是一级人力资源管理师，我还是一级职业指导师。

复合、复合、复合，组合就是创新，就是独特的定位！我在跨界生涯规划领域中拥有自己独特的优势。这也是我写这本书的信心所在。

做自己的编剧，写个“情理之中意料之外”的人生续集

时间每天都在行走，生活每天都会继续，日出日落之间我们演绎着每天的剧情，生活就是如此，生命不息，时光不止。

日复一日的生活会让我们觉得生活失去了本来的意义，渐渐的，不停行走的时间让我们觉得生活如同一杯白开水一样，枯燥无味，无法点燃内心的激情。

生活就像没完没了的肥皂剧，上演着拖拖拉拉的剧情，让我们感到厌烦和疲惫。在这份厌烦与疲惫中有的人逐渐迷失了自己，看不到结局。

有些人之所以会觉得生活枯燥，是因为他迷失了自己的方向，找不到自己的目标。所以，真正懂得生活的人，会为自己设立一个人生目标，然后以目标为方向规划自己的人生。只有这样，才能走好人生的每一步，才会让自己觉得每一天都在不断地向前走，才不会觉得生活枯燥无比，才不会迷失自己。

生活中，我们是自己的导演，没有人可以左右你的人生。但是有的时候随着剧情的发展而忘记了谁是主角，看不清自己的目标，从而使生活变得枯燥，失去追求。

崔颢今年24岁，子承父业，现在是崔氏集团的总经理。但崔颢在员工的眼中并不是一位好领导，他对公司的事不怎么上心，公司里的大小事情也一直是崔颢的父亲——崔氏的总裁在打理，所以，崔颢在公司只是一个挂牌的经理。

崔颢每天都在父亲的逼迫下做一些自己不喜欢的事，渐渐地觉得生活失去意义，开始了破罐子破摔的生活。

有一天，崔颢在父亲的逼迫下去参加一场业界的酒会。在酒会上，崔颢遇到了好久没联系的好朋友叶楠，他现在也在帮父亲管理公司。

“现在过得怎么样?”叶楠端一杯酒递给崔颢。

“别提了，每天都一样，没完没了的。”崔颢无奈地回答。

“生活嘛，本身就像电视剧一样，有没完没了的续集。”叶楠拍拍崔颢的肩膀：“因为有梦想，有追求，生活才会变得美丽。”

酒会结束后，崔颢回到家后把自己反锁在房间里，他觉得有必要重新认识自己。

崔颢知道这么多年来父亲一个人管理公司，真的很不容易。最近父亲在为一件合作的事情烦心，他觉得自己应该尽最大的努力帮助父亲。

第二天，崔颢早早来到公司，向老员工了解了一些合作的细节以及对方公司的情况。

当天下午，崔颢就来到那家公司，跟对方谈合作的事情。

“据说你是从不插手公司的事情的，今天找到这里我真的很惊讶!”对方诧异地对崔颢说。

“因为我现在找准了自己的方向，我会和父亲一起努力把公司经营好，我有信心。”崔颢说。

“合作愉快!”对方忽然拿起笔，在合同书上签下了自己的名字。

“可我们什么都没谈!”崔颢有些惊讶。

“我没有理由拒绝一个对生活充满‘野心’的人，你对生活的态度征服了我。”对方回答。

生命中的每一次跋涉，每一次经风历雨，都是生活的必修课，而最痛苦的就是苦难依旧会继续，唯有坚强的人，才不会在没完没了的续集中迷失自己。

每个人都有自己的生活，自己的伤痛自己清楚，自己的哀怨自己明白，自己的快乐自己感受。生活总是这般的丰富多彩，不要总以为只有自己的生活枯燥，关键在于你作出怎样的调整。

从现在起，给自己的人生设个导航，这样你才知道下一步该往哪儿走，才不会迷失方向，迷失自己，才能到达你的目的地。

跳出“大众”，成就“不可替代”

这个时代追求个性和与众不同，宁愿雷人，也不愿雷同。你会不会觉得“大众脸”掩埋了你的与众不同？其实，“大众脸”会为你带来亲和力和好人缘。如果不能接受自己的“大众脸”，可以用衣着装扮、个性魅力来展现你的与众不同。

大众心理说白了就是大家的第一反应。因为大家的基本世界观和思维方式都差不多，对美丑善恶的定义基本相同，而且对一件事的感觉都是发自本能的第一思维，而不去深入思考或是做些具体的安排。要想和别人不一样，首先，你要发散自己的思维，从不同的角度去看待事物。

“只想大众，不求出众”的心理是说那些只追求当下的愉悦，却没有人生理想，对人生也没有任何规划的人的一种心态。这些人的人生只会平淡无奇，而不会有所作为，凡事凭感觉，没有想追求的事情，也没有特定的路线去追求自己的梦想。

有的人看到别人做某份工作，觉得自己也可以做，也不管是不是自己喜欢的就去做，根本不去考虑适不适合自己，也不管对自己以后的人生是否有意义，只是凭自己潜在的意识，摸索自己的人生。

现在很多大学毕业生讨论的不是“我适合什么工作?”“我应该做什么工作?”“什么工作能实现我的价值?”，而是“怎么才能赚更多的钱?”“怎样才能让生活更轻松?”。渐渐地，他们成了金钱的奴隶。

我所居住的小区是南京的高档小区之一，小区的物业管理一直是行业的标杆。物业有位老保安，姓欧阳，大家都亲切地喊他“老欧”。年轻的保安总是来了又走，走了又来，经常看到门口岗亭换了新面孔。老欧已经过了退休年龄，还在继续上班，物业公司不愿让老欧退休，业主们也不舍得老欧离开。老欧总是充满热情，总是给人温暖的微笑、亲切的问候，更厉害的是他的“独门绝技”，小区有1000多台车，老欧虽不懂电脑，但凭他的记忆就能准确记得哪辆车是谁家的，几号楼哪个房间，主人叫什么名字。小区车位紧张，每次我的车被别的车挡住的时候，老欧总是能找到那些车主来挪车。

“不可替代”是一种修炼，是职业化的最高境界。

环顾四周，我们身边并不缺少那种对人生没有具体追求，只知道随波逐流的人，他们让原本平凡的自己变得更加平凡。

现实生活中很多人，因为觉得自己没什么与众不同，所以让自己的追求也变得随波逐流，纵容自己成为一个没有梦想的生活傀儡。

如果你是这样的人，如果现在的你也正碌碌无为，那你应该从现在起，开始让自己变得清醒。确定一个目标，并为之奋斗。让自己成为一个“不可替代”的人，只有提升自己的“不可替代性”，才能脱颖而出。

很多事情不是做不到而是不知道

有一种人，喜欢幻想自己以后的人生，但从来不为自己所谓的理想付出任何实质性的努力，未来对他们来说，就像乱石堆砌的假山，是一个自欺欺人的假说。

每个人都对未来有不同的期望，未来美好而又遥远，未来是一种抽象的时间概念，它出现在我们还未碰触的每一天。有时候因为我们太年轻，竟不知道未来的路那么长，长得足够让我们忘记自己最初对未来的想象。我们一路走来，只是为了遇见更好的自己，享受更好的生活，然而这一切关于未来的定义，都只是现在一厢情愿的假设。

未来就出现在我们眼前，努力的时候，相信未来很近，幸福不远，想放弃的时候，相信未来总有一天会来到，只是改变了曾经的模样。

未来是以现在的经历和对梦想的规划为支撑的，伴随时间的流逝，经过岁月的洗礼，历经人生的磨难，未来也在逐渐成长。如果只是每天跟随时间不经意地行走，那么未来便是由空想演变的一座假山，在乱石的簇拥下虚伪地耸立着。

安于现状、随波逐流的人，没有好的未来，也不会有充实的人生，这样的人生是经不起考验的，走到后来会发现，自己仍然一事无成。

有一天，在某大学一堂心理课上，心理老师给每位同学发了张白纸，给他们五分钟的时间，在纸上描述未来的自己。

五分钟后，老师又说："制定一个简单的人生规划，通过什么样的步骤让自己的未来像你们刚刚描绘的那样？"

十五分钟后，老师要求学生们交卷，可是收上来一看，发现很多同学的纸上仍然只有第一个问题的答案。

"为什么有的人对自己的未来，只有想法，却连一个规划都没有？"老师问。

台下没有一个人回答。

“每天过着悠闲的生活，让有些人变得对现在很依赖，只愿活在当下，而不会花时间为自己未来的人生进行规划，即使梦想再华丽，再伟大，也只不过是自己给自己的一个假象而已。不要让自己的未来成为乱石堆砌的假山，我们的未来不是用来观赏的，是需要我们自己去攀登的。”老师继续说。

说完，老师把刚才收上来的那些纸丢进旁边的垃圾桶。

“未来，是需要你一步一步走出来的。”老师最后说。

将来，你想成为一个怎样的人？想拥有什么样的生活？该做些什么？这些都是现在应该考虑的事情。

从现在起，按照规划好的路线去寻找自己的人生，从现在开始努力，不要让现在安逸的生活成为你追逐梦想的牵绊，否则，未来的蓝图将成为一个永恒的梦。

关于未来，对现在来说，只能靠想象得到，但只要我们朝着梦想所在的方向努力前行，总有一天，梦想会照进现实，我们会看到用自己双脚走出来的一条辉煌的人生足迹。

未来之所以是乱石堆砌的假山，一片混乱，最主要的原因是缺乏对社会的了解，对职业的认知，没有模仿的对象。人类的社会行为多数是从模仿开始的，很多事情，不是做不到，而是需要指导。努力开阔眼界，接触更多人，看看外面的世界，看看别人的活法，把凌乱的假山石按照自己的设计堆成自己想要的样子。

不知不觉又一秋

我有个侄子去年考上了南京的一所三本大学，学会计学专业，大一第二个学期开学后跟我说自己感到迷茫。

我问他：为什么迷茫？

他说：时间不知道该怎么用。

我问他：时间都用来干嘛啦？

他说：都用来浪费了。

我问：怎么浪费的啊？

他说：看着宿舍同学玩游戏！

不知不觉，时间就这样浪费了。李开复先生说人生最大的财富是时间和才华，如果时间流逝了才华没有增加，就说明你的时间浪费了。

当你的时间可以被别人随意支配的时候你的时间就不值钱了，当你知道自己的时间应该用来干什么的时候你的时间就值钱了。

爱睡懒觉最主要的原因不是因为喜欢睡觉，而是实在不知道起床了要做什么，既然起来也没什么好做的，也没什么要做的，显然睡觉是最合理的选择。

时间不会再生，不能存储，不知不觉就过去了。过去的不仅是时间，还有时间里的事物，还有时间里的可能性。那些错过的事，有些你记得，有些你后悔，有些你不记得，有些你连后悔都不知道。

我们在一条叫作人生的道路上行走，经风历雨，在坎坷中艰难前行，走着走着，便找不到人生的方向。于是渐渐地变得麻木，渐渐地不去关心未来在何方，只是走一步算一步，得过且过地生活着。

最近网络上流传这么一句话“心好累”，每当看到这句话的时候你是否产生了共鸣，不知不觉地移动鼠标点赞，然后细心的你会发现，跟你一样的人确实不少。

生活的残酷折磨着我们的身心，很快我们便因不堪重负而让自己变得顺其自然，对什么事情都抱着一种“随他去吧！”的态度。这样消极的生活态度直接影响着我们向更好的自己迈进，会使我们变成生活中行尸走肉一样的人物，或是人生路上的一个过客。

为了避免这种麻木的心态继续在你的生活中“作祟”，你应该从现在起改变自己，让自己不再这么蹉跎岁月，让之后的每分每秒都充满激情。

首先，给自己一个目标，这样你才能知道，你人生的目的地在哪里；然后规划自己的人生，就像是给人生的一个导航，不至于让自己迷路；接着你就按照规划的路程去行走，这个过程可能会很漫长，但只要你坚持不动摇，终点就会出现在你的面前。

对于一个人生没有规划的人来说，每一天都像是在应付生活，对于生活中的波澜，无论大小都觉得无所谓，能过就过，即使过不去也没什么大不了。

我们所做的每一件事都需要详细的规划，否则就会让人生过得没有激情，没有动力，没有目标，也不会取得成功。

有什么样的规划，就会有什么样的人生。不想让自己像个放羊娃一样稀里糊涂地过一生，你就要想着去改变。在一张纸上，写下你的目标，然后一步一步地规划自己不同阶段的人生，就像列车的行走路线图一样，结合你各方面的资源具体地规划每一步。

从今天起，改掉你“随便”这个口头语，因为这样会让你的生活逐渐变得对什么事情都不在乎，每天稀里糊涂地生活。对于每一项工作都有计划地完成，养成这种习惯，这会引导你整个人生。

04 遇见新生活从预见开始

感慨，抱怨，纠结，有什么用？

有多少人在抱怨生活的不如意？有多少人在感慨生命的短暂？又有多少人在纠结下一步到底该往哪儿走？这一切发自肺腑的情绪，会对自己有所帮助吗？会让自己的处境有所改善吗？会让自己立刻成功吗？

之所以会出现这些情绪，或许是你的生活正处于不如意的阶段，又或是你现在对人生、对未来的路感到迷茫。但是只要你能安排好以后的人生，知道自己心里想要什么，想得到什么，并按照规划好的路努力奋斗，很快，这些负面情绪就会远离你的生活。

在绚丽的人生舞台上，毫不犹豫地找到一个属于自己的位置，安稳地坐下。在一片闪亮的旭日晨光中，用自己坚定的双手，按照计划，开始编织五彩缤纷的魅力人生。这样的人生才不会出现抱怨、纠结等诸如此类的消极情绪。

有的人习惯抱怨，这是不自信的一种体现，因为他觉得眼前的困难自己不能克服，所以开始埋怨人生，总有一天他会发现，能战胜生活的只有自己。

在今后的人生路上，以规划作为支点，以梦想作为高度，努力跳出理想的成绩。

给大家讲一个关于驴的故事。

一头驴掉进了一个很深的废弃的陷阱里。

他的主人认为救它上来太过费事，便抛弃了这头可怜的驴子，转身走了。

驴子很生气，开始抱怨自己的不幸和主人的无情。没想到，接下来还有更糟糕的事情发生，每天都有人往陷阱里倒垃圾。为此，驴子更加郁闷，感觉即使是死，也是死在垃圾堆里。

可是有一天，它的思维发生了转变，它决定改变自己的“驴生态度”，它不想就这样被垃圾打败。于是它开始每天把垃圾踩在脚下，而不让自己被垃圾淹没，并从垃圾中找些东西来维持自己的体能。就这样日复一日，终于有一天，垃圾成了它的垫脚石，它又重新回到了路面上，挽救了自己的人生。

负面情绪好像已经成为现代人的一种通病，无时无刻不在侵蚀着我们的生活。与这头驴子相比，人类是失败的，因为对于周围不如意的事情人们只知道怨声载道，而不知道去试着改变，最后让自己承受痛苦。

感慨、抱怨、纠结，这些生活中的负面情绪不会带来任何有建设性的东西，它只能降低人们解决问题的能力，影响人们对生活的热情，破坏积极的人际关系，使周遭的一切事情都往坏的方面发展，出现更多不利的现象。

如果你还把这些负面情绪作为生活的一种习惯，看作是一种简单的无病呻吟，那么你的生活是乏味的，明天也将是灰暗的。所以，从现在开始，让那些负面的情绪统统远离你的生活。你需要做的，就是把人生的不如意都踩在脚下，让它们成为你人生的垫脚石，让它们帮助你登上世界之巅。

当我们面临感慨、抱怨、纠结等消极情绪时，你越是关注它、害怕它，它就会变得越猖狂，越危险。你的纵容等于不断地给它们输送能量。最明智的办法就是忽略它，最智慧的办法就是学会与它相处，真正从内心接受它，并积极面对你所面临的问题和该做的事。只有这样，你才能笑对人生，摆脱这些负面情绪，从容度过每一天。

不想永远被“困”下去就奋勇“突围”

我变了，世界就变了。

每个人都会经历顺境和逆境，在顺境时我们会感觉人生如此美好，未来充满希望。可当逆境来临时，我们常常会变得困顿、迷茫、沮丧，如果不能积极面对，就会让自己一蹶不振。所以，不想永远被“困”下去就奋勇“突围”。

沮丧、消极的生活会让我们丧失继续追求梦想的勇气，会让我们变得越来越不堪，倘若我们没有改变这种沮丧的勇气，就等于把自己推向人生的泥沼，只会越陷越深。聪明的人总有勇气打破这种困顿的局面，努力让自己变得强大到足以摧毁重重的困难。

没有人愿意把自己永远封藏在深不见底的深渊，看不到未来的绚烂时光。梦想在实现之前，总会经历很多的磨难，只要你有勇气突围，那么，你将成为生活中真正的强者，一个善于成功的人。

合理规划自己的人生，避免在有限的生命里走更多的弯路。只有梦想和追逐梦想的勇气是不够的，具体的规划会让自己成功的道路变得有意义，也会让梦想实现的过程不至于太过漫长。

不要让消极的心态禁锢了你的思想，不要让现在的不如意成为打垮你美好生活的理由。“走出去”，你会看到，成功就藏在勇敢的后面。

有一天，一位画家来拜访一位老禅师。

画家刚进门便看到老禅师坐在一个水缸前，他走近老禅师，想把自己现在的处境讲给老禅师听。

老禅师示意画家坐下来，不要出声。

画家也坐到缸前，他看到缸里放着一个水盆，水盆中有两条金鱼，但是水盆中没有水。

其中一只小鱼在不停地跳跃着，而另一只小鱼，只是象征性地扑腾几下，便放弃了，静静地待在那里，眼神中透露出绝望。那只不停跳跃的小鱼仍旧不放弃，每一跳都显得那么有力，仿佛在用尽全力，做生命的最后搏斗，不一会儿，它便跳出水盆，在缸里自由地游来游去。

禅师起身，把仍然留在水盆中奄奄一息的小鱼，放在后院的水池中，那里人迹罕至。

画家跟着老禅师来到禅房。

“现在，你还没得到你想要的答案吗?”老禅师回过头对画家说。

画家点点头，对老禅师深深鞠了一躬。

画家离开寺院后，如释重负般深深地呼一口气，然后面带笑容离开。

奋起突围的勇气是改变困境的最重要的前提，失去信心，失去勇气，会危及我们的存在，干扰我们的思维。要知道，逆境不可能因为你认输而放你一马，只能靠自己不断的突围，才能改变目前不如意的处境。

不难看出，随着社会的进步和竞争的激烈，人们的压力也变得越来越大。当这种压力超过自己内心的承受力，便会出现超负荷后的困顿、无奈，从而失去继续追求的勇气。如果不能奋勇打破这种处境，那就会让自己永远待在由自己的懦弱筑起的围墙里，找不到未来的出路。

当你感到人生很累，看不清未来方向的时候；当你感到自己不完美，生活变得艰难的时候；当你觉得周围的事情都让你失去兴趣的时候，你需要调整自己的心态，规划好自己未来的路，然后鼓起勇气打破现在的这种困境，努力实现自己的梦想。

生活需要梦想，需要规划，更需要坚强的勇气。

归零，不要让过去遮住你的视野

不要让过去成为现在的牵绊，这样只会让前进的步伐变得缓慢。现在，才是我们应该珍惜的，不要让过去的时光遮住你的视野，把过去归零，未来的路会走得更精彩。

放得下，才能走得更远，才会得到更多意想不到的惊喜，有所放弃，才会有所追求。人的大脑能接受的东西是有限的，不删除过去，怎会腾出更多的空间去接受现在。过去即使再美好，也不可能重新来过，人生没有重复，只有把握现在，才能遇见更美好的未来。

工作中也一样，老板需要的是你现在的业绩，你能做的就是不断努力，这样才能让别人看到你的成功。你的计划每天都在实施，你需要按照规划一步一步向前，没有时间沉浸在过去的时光中。

把过去与现在区分开。你要知道时间不会逆流，生活依然在继续，你还需要工作养活自己。你之所以会留恋过去，是因为你的现在让你觉得不如意。

你的目标一定要清晰，对未来要充满激情，要时刻保持一种空杯的心态。接受未来即将发生的一切，不要抱着过去的辉煌试图赶跑现在的不如意，那是徒劳无益的。

某保险公司有这样一位“神奇”销售，他每个月都是组里的销售冠军。

其实，他之前并不像现在这样成功，他之所以会取得现在这样的成绩，无非是因为他懂得别人不曾领悟的道理。

他进入公司的第二个月，稀里糊涂地拿到了60万元的业绩，这让他异常兴奋，接下来的很长一段时间，他都沉浸在这个喜悦之中。但是之后的几个月，他再也没有取得令人满意的成绩。

有一次，组长在宣布组里业绩的时候，他是组里业绩最少的那一个，也许是觉得面子上挂不住，他当着全组人的面说：“我刚下组第二个月的业绩至今还没有人打破。”

当时组里没有人接他的话，自从拿到组里最高业绩之后，他一直很自得。

“告诉我，下个月你的销售目标是多少？”组长问。

“如果你还能拿到60万元的业绩，就证明你能取得上次的业绩不是巧合。过去不能代表什么，你的价值体现在即将发生的时间里。”组长继续说。

他当时没吭声，过了好久，他抬起头对组长说：“下个月我的目标是60万元。”然后他走到光荣墙前面，把贴在销售冠军栏里自己的照片拿了下来。

接下来的几个月，他的照片又重新出现在光荣墙上。

把过去清零，你才能遇见更好的自己，才能让以后的每一步都走得更精彩。辉煌的时刻一旦过去就应该忘记，然后你才会创造下一次的辉煌。

不要躲在现在的时光里看过去，既没有意义，也会丢了现在。现在的每分每秒都是我们对未来的一种承诺，不要让这种承诺变成永远都无法兑现的谎言。我们的路，在前方，要想拥有一个崭新的未来，除了要有一个好的规划，还必须抛开过去，把握现在，才会让目标更好地实现。

知道自己要去哪儿的人，全世界都为他让路

是安于现在的生活停步不前，还是找准属于自己的一条路，甘冒风险振翅远方？

现在有一部分人不知道自己要走向哪里，他们宁愿让现实一点一点地埋葬自己的理想，让迷茫模糊未来的方向，也不敢向前。每当听到有人说看不到山的那一边，望不到海的另一头的时候，我都仿佛听到未来破碎的声音。

知道自己要去哪儿的人，就会有说走就走的勇气，一切阻碍都会被他们大刀阔斧地斩去。这种人，全世界都会为他让路，因为他追逐梦想的勇气震撼着每个路人。这样的人一生不做选择题，只做证明题。

有梦想的人生是可爱的，勇敢追求梦想的人更是值得歌颂的。有些人总能在纵横交错的路口，找到属于自己的那条路；有的人却不知道下一步该往哪走，没有方向的人生，就像在拥挤的人潮中跌跌撞撞，烦躁不安。

每个人都应该根据自己想到达到的目标，选择一条属于自己的路，然后勇敢地去证明，路的尽头有百花齐放的美景。

于田毕业后想成为一名人民教师，但她所学的专业并不是师范类的，教书对她来说算是跨行，但她仍然坚持着自己的梦想，她觉得总有一天会实现自己的愿望。

她给自己订了一个规划，一年内拿到教师资格证，两年内让自己成为

一名编制内的教师，然后一步步地让自己的未来更加符合自己的要求。

她开始学习，每天抱着书本努力地让自己按照自己的规划，一步一步地走向期望的生活。但是妈妈并不支持她这样做，觉得她这是在浪费时间，而且她所学的专业也很好找工作，另外妈妈觉得她现在的年龄也不小了，已经到了结婚的年龄。她听够了母亲的唠叨，就从家里搬出来边打工边学习。

她找了一份还不错的工作，白天上班时她也把书随身带着，利用中午休息的时间甚至还有上厕所的时间看书，每天晚上更是学习到很晚才休息。就这样，功夫不负有心人，她终于获得了期望已久的教师资格证。

有了这张证书，她在一家私立学校当上了教师，这样她就有足够的时间为考编多看一点书。

可是就在离考试还有三个月的时候，她妈妈生病了，她向学校请了假，回去照顾妈妈。于是，她变得忙碌起来，没有时间看书，这让她很烦躁，但她没想过放弃。两个月后，妈妈的病情有所好转，她赶紧拿起课本，每天没日没夜地看书、做题。

考试成绩终于出来了。她因为成绩优秀，被分到市里的一所高中任职。

梦想并不是遥不可及的高空幻影，只要清楚自己接下来要往哪儿走，总有一天，会得到来自全世界的赞扬。

你到底想要什么？你的人生目标是什么？你最终想过什么样的生活？不用告诉别人，告诉自己就行了，带着这些梦想，开辟一条通向成功的路。

你现在做的事能否实现你的人生目标？如果不能，那么多年后，你还是在与目标偏离的那条路上渐行渐远，这样做岂不是浪费时间的一种表现。

你今天的生活是你之前的选择所致，同样，你以后的生活是你现在的选择所决定的。你想成为什么样的人，就需要走什么样的路。

你现在的工作越忙碌，越觉得自己被绑架着，你就越需要停下来，好好地分析分析，自己想要什么？这条路能否最终通向你理想的终点？

每个人都应该清楚自己未来的方向，都应该在一条正确的路上行走，只有清楚想要的是什么，才能确定应该往哪儿走。

人生规划的原则和步骤，你记下了吗？

好的人生规划，会帮助我们实现自己的梦想，不切实际的规划，会把我们推入深不见底的空想深渊。

其实，每个人的能力都是很强大的，有的人只是因为没有好的规划而错失成为“梦想之王”的机会。生活中有很多这样的人，本来他们很容易就能成功，但就是因为他们不能正确认识自己，没有制定适合自己的人生规划，才将自己的梦想打碎，抛进时间的长河中。

人生规划并不像写作文那般是自己凭空想象的，只有坚持人生规划的原则和步骤，才不会让自己未来的路忙碌而没有意义，才不会让自己的梦想成为一纸空文。

社会上总存在一些人，不知道该如何规划自己的人生，因此对自己的追求没有一个特定的目标，渐渐地就失去了追求的能力。这样的人，要么狂妄自大，要么自卑无能，因为他们或是没有更好地认清自己，或是过分地看低自己，导致最后生活变得随波逐流，无能为力。

蒋诚诚一直梦想着能拥有一家自己的美妆超市，虽然那时候她刚刚大学毕业，但老爸对她那种创业的想法很支持，所以在老爸的帮助下，她终于拥有了属于自己的美妆超市。

开业的前一天，老爸问她："我想知道接下来你是怎样规划自己的事业的?"

老爸是一家公司的老板，在当地算是一位成功的企业家，所以他对经营很有经验，但他之所以没把自己的想法直接告诉给女儿，是想让她自己去领悟，只有这样，才能让她铭记。

"好了，老爸，我心中有数，你不要打扰我，我要先把货清点一下。"诚诚很自信地说。

诚诚确实对自己的工作做了规划。她打算利用一个星期的时间让自己的美妆店声名在外，一个月后让自己的经营走上正轨，三个月后成为当地的美妆领袖。她给自己六个月的时间来垄断本市的美妆市场。

可最终事实是，刚开张的那一天生意很不错，可后来的几天，店里便是冷冷清清的，一个星期并没有达到她理想的效果。

我们都知道，创业其实是相当艰难的，蒋诚诚的职业规划完全脱离了实际，脱离了规划的原则，最终成为无法实现的一纸空文。

人生规划一旦脱离了原则和步骤，便失去了它的价值，最终变成一个空想。

如何制定人生规划？第一步是评估生活中的各种环境因素对个人职业发展的影响；第二步就是认识自己，了解自己；第三步是选择一个能实现自己价值的职业；第四步就是确立自己的目标。坚持这四个步骤，才能让规划饱满而有意义，否则，就是一个不切实际的规划。

在制定人生规划时，要坚持这几项原则：第一，价值取向、自我确定的整个人生之路和生活方式；第二，自己具备的知识技能；第三，自己的性格特点；第四，清楚自己想要什么。然后结合前面讲到的人生规划的步骤去制定自己的人生规划。

如果你对自己的人生还没有好的规划，或者你已经规划好的人生让你觉得好累，那么，从现在开始，根据上述的人生规划原则和步骤，制定或修改你的人生规划。很快，随着时间的推移，你就会遇到理想的自己。

记住，这些人生规划的原则和步骤，都是你通向成功的前提和必备条件。

注意！这些是人生规划的“雷区”

人生规划是一个很主观的过程，即使你掌握了人生规划的方法和步骤、正确的观念和方法，一不小心，仍然可能会出现错误。人生规划的错误就是因为你走进了规划的误区，这可能直接导致人生的失败，因此，你必须了解人生规划的误区，才能有效地避免。

幸运而又聪明的人，可以轻而易举避免这些人生规划中的“误区”，因为他们每走一步都经过了深思熟虑。许多现在功成名就的人，他们懂得如何不让自己掉到这些“误区”，所以我们才会看到他们的人生顺风顺水，风光无限。

要防止掉进误区，就应该知道哪些是误区，这样才能有目的地避免。人生规划的误区主要有以下几种：

第一种：盲目定位。在个人定位中，以为凭借自己的特定能力、素质、专长、吃苦等要素就可以获得成功，就是掉进了盲目定位的误区。

第二种：博而不专。博学多才是一个美丽的陷阱，一个无所不知的人当然最有希望成功了。事实上，博学多才的时代已经终结，专一、独特才是个人人生规划的正确途径。

博学多才并非不好，但是博学多才的人已经越来越少、越来越没有市场了，市场需要的是专才。事实上，特定的岗位都需要一定的专业知识与技能，使用的也是特定的专业知识与技能，年轻人多余的能力只会干扰自己的成功。

第三种：一厢情愿。人都是以自我为中心的动物，通常用自己的观点来看待世界，这样就难免陷入一厢情愿的人生误区。现在是一个竞争的时代，很多力量都在争夺相同的资源。一厢情愿的定位是浪费自己的感情，是无法取得理想结果的。

第四种：自相矛盾。人生目标是一个复杂的体系，会有很多的细分目标，要处理好每个细分目标之间的关系。矛盾的定位会导致激烈的冲突，这样会分散你的注意力，走进自相矛盾的误区。

英国有位画家，花了好长时间才完成了一幅作品，他越看越觉得很满意，就请两位朋友来欣赏自己的“著作”。

朋友围着画看了好久，突然朋友指着画上的一只蝴蝶大赞：“这只蝴蝶画得真好，真的是栩栩如生，逼真极了！我从未见过这么惟妙惟肖的蝴蝶。”另外一个朋友也发出同样的惊叹。

画家脸上的笑容消失了，他焦虑地在走廊里边来回走动边看着那幅画。他连夜把自己的学生叫过来，让他们看这幅画，结果他的学生也纷纷夸赞画上的那只蝴蝶。

“这幅画最漂亮的就是那只蝴蝶了。”

“是的是的，看那翅膀，就像真的一样！”

……

同学们正在讨论着那只蝴蝶画得如何如何好时，画家大叫一声：“蝴蝶，蝴蝶……”，然后拿起那幅画，把它撕碎，丢进了垃圾桶。

那幅画在当时可说是极其成功的一项作品，但画家太过以自我为中心，觉得只有自己认为好的才是最好的，所以导致最后，所有的努力变成了一堆碎纸。

其实，世界上有很多这样以自我为中心的人，他们认为自己的观点就是世界的声音，所以让自己活在自己一厢情愿构造的生活中，无法给自己一个正确的定位。

一个成功的人生规划，是不存在这几个误区的，我们的目的是让自己取得成功，帮助自己实现人生的梦想，所以在作规划时应当避免这些误区，让自己的规划更有意义。

05　规划未来四大必杀技

必杀技一：前辈就是你的前途

大家都知道，生活中有个前辈，就犹如有一本厚厚的人生字典，很多事情总会从他们那里得到满意的答案，前辈是你规划未来的法宝之一，前辈就是你的前途。

生活中，总有一些人和事是我们解决不了，也是我们无法预料到的，这个时候我们需要请教前辈。无论你是多么的聪明，有多高的生活技巧，有些事你永远没有前辈们经历得多，自然也没前辈们领悟得透彻，这是无可厚非的。

不听老人言，吃亏在眼前。这一句老话说的就是前辈对你生活的重要作用。前辈们会以自己的经验和对生活中的感悟告诉我们，什么是该碰的，什么是应该尽量避免的，这些都是我们自己在生活中摸索不到的东西。

当你选择一个行业的时候，首先考察你即将从事的行业，然后考察一些比你早一年、五年、十年进入这个行业的人。他们关于这个行业的经验都是从实践中得来的，所以对这个行业而言，现在的他们比你更具有发言权。他们的现在就是若干年后你的未来，所以，他们走过的弯路，你就可以在他们的指导下避免。

在工作时，多和前辈们交流，遇到不能解决的事，要向他们寻求帮助。没人会吝啬到不愿跟你分享自己的工作经历，但别人也不可能主动问你是否需要帮助。所以，你应该主动向前辈们寻求帮助或是跟他们交流经验。这样，才能把他们的经历变成自己的，才能从他们的成功中提取出对自己有用的东西。

在一座庙里，有一个小和尚从小就跟着师傅在庙里生活。小和尚每天跟在师傅的身后，学习师傅的一言一行，小和尚很聪明，师父也很喜欢他。

有一天，一位来庙里的中年人看到小和尚，把他叫到自己跟前。

“小和尚，你每天都待在寺庙里，那你将来想成为什么样的人呢?”中年男子问小和尚。

“像师傅那样的人。”小和尚指着师父的背影，嘟着小嘴说。

从小和尚变成老和尚是一个可以预见的未来，如果能穿越，如果能去自己的未来看看，就能更有效地判断自己预见的未来是否是自己想要的。

中年男子突然想到了自己。他现在是一家公司的经理，之前刚进公司的时候，经理特别重视自己，所以工作中自己有什么疑问都会去请教经理，那时的他就是现在的小和尚。

生活中肯定会遇到一些比自己知识丰富的人，这些人都可以称作你的前辈，你正在走的每一步对他们而言都是曾经。有时候你觉得自己走得很精彩的时候，在他们看来，就像演技拙劣的演员在自娱自乐。所以，前辈会帮助你，让你的人生之路走得更加精彩，他也会帮你成就心目中理想的自己，因为，前辈就是你的前途。

无论在工作中、生活中，还是感情中，你都会遇到迷茫。这个时候你需要寻找一位也经历过这些的人，向他倾诉你现在的苦恼，了解他在遇到这种事情时是怎么处理的，多向他请教，毕竟在人生路上，谁都没把握自己会做得比别人好。

不过找前辈也要有选择性。

有一次我在学校讲授《职业生涯规划》课程时给学生布置了一位生涯人物访谈的作业，一位学广告的学生回来非常沮丧地跟我讲述她的拜访经历。

她想去拜访一位上市广告公司的董事长，苦于没有联系方式，就主动登门，期待能够“遇见”，结果去了三次都被前台小姐无情地挡在了门外。前台跟她说：你学广告干嘛？有前途吗？我也是学广告的，在这儿做前台已经快三年了，每天就是各种事务性的工作，烦死了，前途一片渺茫！劝你好好考虑一下！

她听完，居然觉得很有道理！

各行各业都有人成功，也有人失败。穿越去未来就是为了避免不客观判断，不以偏概全，建议多找行业中比较成功的对象，这样对自己的未来规划更有借鉴意义。

必杀技二：跟随成功者的脚步

俗话说，跟着乞丐要饭，跟着富人赚钱，跟着大官威风八面。跟着什么样的人走，就会走出什么样的人生，所以在人生规划中，就要跟随成功者的脚步。

每一个成功者背后都有一段不为人知的奋斗史，这是他们成功的主要来源。怎样才能走向成功？这是需要技巧和方法的，而成功者刚好掌握了这些技巧。所以，跟着他们会让你更容易找到成功的方法和技巧，从而让自己逐渐向成功者的称谓去迈进。

没有人可以随随便便成功，有些时候你是有足够的实力与智慧的，只是没有找到合适的道路去实现自己。这时候你会变得迷茫，不自信，对未来感到遥不可及。如果，你跟着成功者的步伐，跟着他们走好每一步，那么，终点等待你的也将是无尽的鲜花和掌声。

人生最大的困惑在于你觉得需要确定一个目标的时候，却找不到方向。很多人在行走的过程中都会有这样的迷茫，所以，你需要跟着一个成功的人，只有跟着他你才能比别人更早知道成功的方向。

麦当劳、肯德基在选址方面都非常严谨，这种专业严谨的态度使得这两家全球著名的连锁快餐企业保持着非常高的成功率。

他们的选址工作会委托专业的市场研究机构进行，在很多国家会派直升机在空中观察，吃饭的时间段哪个路口人最多，会在地面掐秒表统计每分钟通过的人数，同时还要派人在五公里的范围内入户调查，摸清居民的构成、收入状况、有没有孩子，最后综合打分决定在哪个位置开店。

如此的选址方式代价昂贵，不过成功概率极高。

在中国有一个全国连锁的快餐品牌，叫作大娘水饺。这个品牌是如何选址的呢？它只有一个选址原则：哪里有麦当劳，哪里有肯德基，哪里就有大娘水饺。他们坚信，有人喜欢吃洋快餐就一定有人喜欢吃中式快餐，所以店不是开在麦当劳肯德基隔壁就是开在对门，生意也非常红火。

跟随是一种智慧，在职业生涯选择中，选择跟对行业中顶级的企业，顶级的专家、牛人、大咖，就等于搭上了通往成功的快车，有个大块头在前面带路，就会多很多安全感。

在具体实践中，可以通过专业期刊、专业网站、专业讨论版、QQ 群、朋友圈等多种途径，进入行业的前端圈子，在圈内获得资讯，保持同步，就能确保自己在行业中能一直站在最前端，保持自己的先进性！

你想要成为一个什么样的人？这样的人对你来说，就是一个成功的人，你需要收集他对你来说有用的资料，生活中多关注一些他的事情，跟着他的脚步，总有一天，成功的终点会有一个属于你的位置。

必杀技三：找到生活中的榜样

我们常常惊叹别人的成功，常常夸奖别人是如何的有毅力。我们之所以会夸赞别人，是因为他们身上具有我们想拥有却不具备的东西，这些人都是我们的榜样，是我们充实自己的人生导师。所以，我们需要找到生活中的榜样，让自己未来的路走得更踏实，更美好。

小时候，老师常说雷锋是我们学习的榜样，他乐于助人的精神值得我们学习，所以，我们在放学的路上主动帮老奶奶推车，扶老爷爷过马路。于是，后来的我们也变得乐于助人。榜样的力量是无穷的，他教我们学会一些原本我们意识不到的，关于美的东西。

生活在我们面前呈现出千变万化的姿态，每个人都像是摸着石头过河。要想不让自己永远沉在河底，我们就要不断地向走在我们前面，或是向到岸的人学习，这些出现在我们生活中的榜样人物，使我们顺利到达成功的彼岸。

生活中难免会遇到一些你无法克服的事情或是情绪，但是，面对这些坎坷，总有一些人会微笑着度过。好的榜样会让你不断注意保持和证明自己是像他一样的人，这种心理会指挥你的言行和对事情的态度，以至于形成一种习惯。所以说，榜样能使你的思想、行为产生许多变化，能打破你原有的许多不良习惯，同时培养许多良好习惯。另外，他也会让你的专业技能和各方面知识日益丰富，让你有迎接挑战的综合能力，使你的心理日趋健康和成熟。

当你遇到挫折时，你会这样考虑：榜样在碰到这些事情的时候会怎么做？他们会采取什么样的解决办法呢？然后你从中选择最佳方案。榜样的作用就是让你以他们作为参考去实现自己的人生。

对于大学刚毕业的人来说，社会就像一个陌生的世界，他们在人流的冲撞中缓慢地移动自己的步伐，感觉自己就像漂泊无依的小船，在茫茫大海中漫无目的地游荡。

金城就处于这种境地，他刚刚大学毕业，幸运的他在一家国企找到了一份工作。由于刚进公司，对好多事情都不是很清楚，虽然参加过培训，但毕竟没有什么实践经验，所以刚下组的时候遇到了许多棘手的事情。

有一次在公司的全体会议中，他认识了目前在公司平步青云的武阳。武阳只比金城早进公司半年，如今取得这样的成绩，一定有他自己独特的方法。

从那次会议后，他开始追逐武阳的脚步，把他作为自己工作中的榜样。他先向公司其他的人打听有关武阳的奋斗事迹。他知道武阳刚开始的时候也是什么都不懂，但他遇到不懂的事情就会主动向会的人请教，他规定自己当天的事情必须当天完成，要很认真地学习新知识。

金城便把武阳作为自己工作中的榜样，渐渐地，金城就成了第二个武阳。

榜样也许不止一个，我们一生中会遇到很多人，他们每个人身上都有我们需要学习的闪光点，在这些闪光点的吸引下我们逐渐以他们为榜样去获得我们需要的东西。

用心发现生活中的人和物，就能从中找到你需要的东西，然后以他们作为参照，用他们的优点模拟你自己想要的生活。

生活中的榜样就在我们身边，刚刚走过我们需要走的路，他们的经验往往是最新鲜，最有效的！

因为在大学工作的缘故，总是会有人找我咨询考学的事情，其中关于考研的咨询这几年越来越多。有一次一个听过我讲座的学生给我打电话，想让我给他介绍我们学校某专业的研究生考试出卷老师。这件事显然难度很大，而且我也不太愿意做这样的事儿，既难为自己又难为别人，于是就拒绝了这个学生的请求，他毫不犹豫就挂了电话。其实他不知道我最厉害的资源不是那些命题的教授，而是我能找到往年报考这个专业前几名的考生，这些考生身经百战，经验丰富，如果能请他们给辅导辅导效果一定很好。

在战场上，通过雷区的安全通道都是烈士们用生命的代价探出来的。踩着前人的脚印就是最安全的选择，在职场中，那些身边的榜样，比你早进入职场一两年，刚刚通过职场的雷区，他们的经验和教训都是鲜活的，非常值得借鉴。

必杀技四：整合一切资源

现在的我们身处不进步便会被淘汰的年代，不论是对于企业，还是对于个人，只有整合所有的资源，才会让自己变得更有力量，才能更好地生活在这个社会上。

其实，人生就是不断集资的过程，上帝很公平，分给每一个人的资源都是一样的。只是有的人善于整合这些资源，所以才会变得越来越强大；

而有的人却喜欢把这些资源分类储存，所以让自己忽略了某些资源，也让自己觉得自己拥有的资源十分有限，根本不可能取得成功。

在一张纸上写下自己的目标，然后列举一些与实现这一目标相关的资源，自己在哪方面存在不足，可以通过什么途径弥补，这些对我们来说，都是有用的跟成功有关的资源。

曼妙的身姿，俊朗的外表，某方面的知识技能，必要的生活经验，这些都是你可利用的资源。在生活这个大课堂里，你每天都会有新的收获，这些收获不断积累起来就变成了属于自己的资源。这些资源对你以后的人生必然是有意义的，如果你不学着把这些资源整合起来，为你所用，那么生活对你来说，就是一场路过的旅行，没有储备丰富的资源为前提是不可能成功的。

陈方是一个很有能力的优秀青年，他在大学的时候是系里数一数二的风云人物，他的能力无人可以否认，因此他经常被老师带着参加各种比赛，结交了很多志同道合的朋友，也曾在几场专业技能比赛中脱颖而出。

大学毕业后，陈方利用自己的专业技能开了一家个人工作室，开始了自主创业的生活。

我们都知道，创业是个很艰难的过程，但是陈方比别人稍微幸运一些，他懂得整合利用所有一切可以利用的资源。他把自己在学校几场大型比赛中的获奖证书都贴在了工作室的门口，这样别人一眼就看到他的能力。由于刚开始没有客户，他就找到以前在赛场遇到的赞助商，把他们作为自己的第一批客户。同时他还发动自己的校友帮助自己做宣传，希望能让更多的人知道自己的工作室。

没过多久，他的工作室就有了大批的预约客户，这里面既有他之前认识的赞助商，也有自己校友推荐过来的陌生人。就这样，他的工作室越来越忙碌，越来越多的客户登门，半年后，他就拥有了自己的团队。

如果现在的你觉得有些力不从心，你需要静下来想想自己是否整合了目前对你有利的资源，然后把这些资源集中起来帮你渡过难关。

每个人都有一些特长和特质，会整合身边资源的人就会把这些特长与特质展现得淋漓尽致，从而取得成功。相反，另一些人则会与成功背道而驰。

你拥有什么？会用到什么？怎样才能让自己变得更有能力？这些问题的答案就是你目前所拥有或是应该拥有的资源。这个社会是一个以竞争为主的社会，所以，要想在人才济济的环境中脱颖而出，必须拥有成功的技巧。

没事的时候多读一些书，或是多关注一些好的事情，这样才能积累更多，在以后的生活中也会取得更大的成功。

资源是全方位的，认识一个人就是认识了一个新世界。亲戚、朋友、老师、同学，已经认识的和还不认识的，只要有一颗开放的心就有机会认识更多的人，进入不同的圈子，整合更多的资源。

第二章

我是谁

——“自己”才是真正的起跑线

镜像人生：《喜剧之王》

尹天仇说：“其实，我是一个演员”。在受到别人的嘲笑和否定的时候，他都会这么说。

他的理想就是当个演员，一个至少可以拿到剧组发的便当的演员。他看重的不是那个便当，而是便当后面的意义，一个作为片场演员的“标志”。

他一直坚持认为自己是个演员，他明白自己的身份，知道自己除了演戏之外，没有其他的梦想。他还清楚地知道自己的优势，知道自己在表演方面的天赋，所以才会在别人骂自己只是个“死跑龙套”的时候也不放弃自己的梦想。

尹天仇一直在用实际行动证明着自己的表演实力，时刻都没有停止过，自己演话剧，没有观众也不气馁。在最落寞与失意的时候，他甚至去教那些小姐表演，以此得到自己做演员的满足感。

正是由于对自己的认识，正是因为对梦想的坚持，所以才有了他后来的功成名就。

很多时候，我们都无法清楚地认识自己，所以才会在追逐梦想的时候屡次失败，才会在遭受一点打击的时候就主动放弃。

其实，“自己”才是真正的起跑线，只有在追逐梦想的时候认清自己，找准自己的位置，才能扬长避短，在追梦的过程中发挥自己的优势。

06 认清自己，找准你的位置

你性格中的成功优势在哪里？

世界之所以会缤纷多彩，源于生活在社会上的每一个人、每一物种都有独特的个性。每个人性格中都有足够支撑自己成功的优势，只是有的人不善于发现，不善于利用自己的性格优势，所以与成功无缘。有的时候，我们要学会问自己，我性格中的优势在哪里？

你是什么样的性格就决定你会获得什么样的成功，性格决定命运，态度改变未来。

性格是一个人在对现实的稳定态度和习惯了的行为方式中表现出来的人格特征，它表现一个人的品德。性格是在后天社会环境中逐渐形成的，受人的价值观、人生观、世界观的影响。所以，性格也会反过来影响一个人的人生。

性格是你长期的经验积累，对生活的一种感悟，从而形成的一种由内而外散发的人性特征。你可以根据你的性格去确定你成功的优势到底在哪里，怎么做才会让你的性格优势在你成功的道路上表现得淋漓尽致，让它变成你走向成功的一种可以依靠的途径。

年轻人最快的成功方法，就是找到性格中的成功优势，然后把它无限放大，最后你会发现，你的性格会让你的成功变得轻而易举。

有一个非常内向的年轻人，他很少在公共场合发表自己的言论，即使在工作中也很少与同事交流，就连最亲近的人，他也不会向他们吐露自己的心事。遇到不会做的事情也是默默地承受，不愿向别人请教，所以无论他从事什么工作，都会因为他的内向而让他显得特别的不合群，最后竟落到离职的境地。

工作上一次又一次的失败，让他很失落，这种心情无法排解，他只得把这些烦闷的事情说给自己听，靠写作来打发自己心中的惆怅。

后来他把自己写的东西发到网上，很快就拥有了众多的粉丝，也陆续有报社找他签约。

最后，他一举成名。

性格没有好坏之分，每一种性格中都有促使其成功的优势。在这个社会上，性格外向的人应该占有相当大一部分。外向性格的人能获得更多的朋友，感受到更多的欢笑，他们的成功优势就是外向性格帮他们建立了庞大的人际关系网，以及积极乐观对待生活的方式。性格内向的人往往不喜欢跟别人交流，对别人的生活也是冷眼旁观，他们性格中的成功优势在于对任何事物都会很努力地完成。他们觉得凡事只有通过努力才能得到，他们害怕失败，所以每走一步都小心翼翼，尽量避免不必要的错误，谨慎让他们更容易成功。

“没有伟大的品格，就没有伟大的人甚至没有伟大的艺术家、伟大的行动者”，伟大的思想家罗曼说。

这句话揭示出，成功者之所以成功，一定源于他们性格中的某种优势，换句话说，一个人的成功和他的性格是分不开的。

从现在起，分析你的性格，然后从中找出能让你成功的优势，利用这些优势会让你拥有更好的生活。

性格测试的方法很多：MBTI、16PF、九型人格、性格色彩等等，我们也刚刚从英国引进一个性格色彩体系，这个体系从情绪稳定性、决策依据是独立还是依赖以及内外向三个维度来区分不同性格的人。

性格没有优劣，每种性格都有自己的优势，也有需要学习和成长的空间。学习性格的目的不是为了告诉别人：我就是这样的，请尊重我的性格！

如果这样理解性格就走向了学习性格的误区。学习性格的基本理念是：了解自己，理解别人，忙时出门走走，闲时回家坐坐！其解释是，通过学习性格理论了解自己的性格特征，了解自己性格中的优势，同时知道自己需要修炼的部分，明确自己完善的方向；理解别人的意思就是明白不同性格类型的人的做事风格、行为特点和核心价值倾向，从而能更深入地理解和接受不同的人的不同行为；忙时出门走走的意思是在工作状态中要走出自我的性格圈子，根据工作的需要提升和完善自己；闲时回家坐坐是说在非工作状态时就把自己放到最真实的自我状态，释放自己，悦纳自己，做回自己。只有这样才能平衡工作与生活、优势与不足，才能通过学习性格让自己更好地融入社会，融入职场。

你的兴趣可以激发哪些成功潜能

如果你仔细研究那些成功人的秘诀，你会发现他们所成功的事情，一定是他们最感兴趣的事情。所以，那些成功的人之所以取得了让人望尘莫及的荣耀，只因为他们是一个懂得成功的人，能够承担得起兴趣引发的成功潜能。

每个人的潜能都是无限的，但这些潜能都是隐藏的，如果不是某种情绪的爆发，我们不可能见识到它的真正力量。

我们喜欢一个东西，对这个东西感兴趣，就会迫切地想要得到，而这种迫切的需要就会激发我们在这方面的潜能。

众所周知，潜能的魅力是无边的，只有激发潜能，我们才会在通向成功的道路上变得风雨无阻。

所以，要想在某件事情上取得成功，首先要知道自己的兴趣是什么，然后让自己的兴趣无限地膨大，直到有一天我们被埋藏的潜能被兴趣逼迫得无处可藏，你的兴趣会激发你对事物执着和永不放弃的潜能。这样的你接下来要面对的就是等待成功。

潜能是能力在兴趣的基础上的一种升华。

每个人的兴趣中都封藏着一种潜在的能量等待着你去激发，比如一个爱好唱歌的人，只要他肯努力，就会有一举成名，成为歌星的潜能，一个爱好跳舞的人就有成为舞蹈家的潜能。总之，潜能的爆发是建立在兴趣的基础上的。

丽莎从小就非常热爱舞蹈，但是由于家庭条件的原因，她小时候并没有得到好的学习机会。

后来她离开家到县城一所初中读书，刚好学校旁边有一家舞蹈培训学校，但她没有多余的钱来支付自己学习舞蹈的费用，所以，她就到这家舞蹈培训学校打工，边打工边跟别人学习舞蹈，别人需要几节课才能完成的动作，她只要看一次，回到家里就可以跳得很好。因为她时刻都在提醒自己，只有这一次机会，时间不允许她失败，所以练就了她过目不忘的能力，激发了她在舞蹈方面的潜能。

初中的毕业晚会上，她以一支“黑天鹅”的舞蹈赢得了满场的喝彩，并被一家专业的舞蹈团队录取。

经过不断地努力学习，两年后，她被邀请登上国际舞台，实现了她的舞蹈梦想。

这个故事你看懂了吗？或许你有了不同的感受，但是我觉得有句话比较重要：你会成为一个什么样的人，主要取决于你的兴趣，只有在兴趣的基础上才能激发你内心深处被掩盖的潜能，才能取得成功。

柏拉图说："人类是天生有智慧的动物，他们可以掌握的知识是无限的，他们身上蕴含的潜能也是巨大的。"

你要相信你身上蕴藏的巨大的、无限的潜能，你能做到的远比你想象的多得多，那么我们该如何释放自己的潜能呢？

开发潜能的本质是把天生的智慧循循诱导出来，激活已有的知识和掌握新知识的能力，所以离不开兴趣的刺激。

从现在起，你要清楚自己的兴趣是什么？然后让这些强烈的兴趣引导你的潜能慢慢地释放出来，这样你就会拥有那些潜藏在你身体中的能量，就能让自己拥有更大的成功资本。

特别要注意的是，兴趣不一定成为工作，工作也不一定符合兴趣。把兴趣放在求职第一位是有前提条件的，那就是社会福利或家庭背景足够支撑我们的生活，可以不用担心吃饭、医疗等生存条件的时候，兴趣自然成为求职的第一要素。

在现实的生活中，尤其指当前中国人的生活中，兴趣往往是在工作之余对自己的奖励，在工作中攒钱，在工作中积累资源，然后在业余时间把大把的钱和时间投在自己的兴趣上，享受兴趣，享受生活。我们期待着国家的富强，期待有一天我们的后代不再为衣、食、医疗操心，到那个时候兴趣自然成为选择职业的第一要素了。

在当下的社会背景下，我们要正确理解和接受兴趣的位置，如果能找到与兴趣吻合、收入又符合期待的工作自然是人生最幸福的事情，如果暂时还不能吻合也没有关系，就让我们在业余时间享受兴趣带给我们的幸福与成就。

你的人生价值观能让你接受什么？

有的人追求享乐，有的人追求物质，正是因为世间有多种多样的追求，才构成了丰富多彩的生活画卷。无论是选择大江东去，还是小桥流水，不同的选择构成了不同的人生，不同的人生形成了不同的人生价值，不同的人生价值会让你接受的东西也有所不同。

因为不同的人有不同的追求，不同的追求让你得到的东西也就有所不同。人的一生，不管你处在什么样的环境当中，很少是一帆风顺，一辈子平平安安，或无忧无虑的。就算是物质方面什么都不缺，但在精神方面，一定有不少压迫和折磨，有时候人生价值观会让你愿意接受这种身体上的磨难，觉得伤痛只是暂时的。

如果你想成为一个完美的人，那么你就不会接受你的员工犯一点你认为低级的错误。凡事都严格要求自己，不允许自己有一丁点的小遗憾或是小瑕疵，否则就会让你觉得这件事完成得没有任何意义。

想知道你的人生价值能让你接受什么？首先你应该清楚你的人生价值是什么？要实现人生的这个价值，你需要往哪方面努力？然后根据你的人生价值确认你的方向，规划你的人生。有了明确的目标和详细的规划，你未来的路才会一帆风顺。

珊珊是一个新时代的拜金女性，她每天的生活都离不开迪奥和香奈儿，她每日的话题都少不了“宝马男”和“香槟女”。她每天都幻想着有一天一辆宝蓝色的保时捷停在自己面前，然后从车里走下来一个身穿阿玛尼，手上戴着大钻戒的男士，递给她一张可以无限透支的信用卡，优雅地说：“随便用。”

这是她希望得到的生活，她以为只有这样的生活才能实现自己的人生价值。所以当一个没车没房，每个月只有几千块钱收入的男人出现在她面前的时候，她充满了鄙视，她无论如何都说服不了自己接受这个即使是真心爱她的男人。

但当一个拥有百万身价的老总出现在她面前，每天给她买不同的首饰和名牌包包的时候，她毫不犹豫地选择了他，即使这是个比她大十几岁的男人，即使她知道这个男人不是真心地喜欢自己。但她仍然无条件地接受，只因为他的金钱能满足她的虚荣。她是一个“宁愿在宝马车中流泪，也不愿在茅草屋中受罪”的女人。

你拥有什么样的人生价值观，你就会拥有什么样的生活。

人生观，是人们对人生问题的根本看法，主要内容是对人生目的、意义的认识和对人生的态度，具体包括公私观、义利观、苦乐观、荣辱观、幸福观和生死观等。价值观，是人们对价值问题的根本看法，包括对价值的实质、构成、标准的认识，这些认识的不同，形成了人们不同的价值观。

每个人都有自己的人生价值观，所以，他们拥有的生活也就不同。比如，有的人追求金钱，那么他就不能接受每个月一千块钱的工作，他不会把工作定义在这个层面上；有的人追求的是成就感、认同感、幸福感，那他就不能接受与自己的兴趣完全背离的工作。

认清你的人生价值观，以此来规划你以后的人生，这样能让你更清楚地认识自己，找准未来的方向。

人生观、价值观说起来空洞，实际上很真实，很贴近我们的生活。这是个人人生定位的核心，核心问题是想成为一个什么样的人？做人的准则是什么？希望别人怎么评价自己等。这些问题都是非常具体的，只是我们很少去思考。要开始人生的规划就要去面对这些问题，通过反思、咨询、思考尽可能给出属于自己的答案。

找到自己，认识自己最真实的一面

我们的眼睛看到的往往都是别人的好处或是坏处，而看不到自己的。因此有时候我们才会迷失自己，被别人的批评或是称赞掩盖了自己最真实的一面，所以，我们要找到自己，认识自己最真实的一面。

生活让我们变得虚伪，开始用谎言装扮自己的人生，慢慢地才发现，这种伪装把自己带上了一条不归路。

因为弄虚作假，我们弄丢了最真实的自己，让自己的人生道路偏离了轨道，面临被甩出去的危险。只有认识最真实的自己，才能清楚自己想要的是什么样的人生，根据自己的情况制定一条适合自己的路线，然后逐步走向成功。

当你感觉自己像是一个置身迷宫的人的时候，当你觉得下一步不知道该往哪走的时候，当你觉得前途一片黑暗的时候，你或许正在生活中迷失了自己。这个时候，你需要停下来，梳理你的内心。

你要容许别人指出你的不足，有些时候你会把自己想象得相当完美，而刻意回避自己的缺点，所以面对别人的批评和指责时你应该怀着一颗感恩的心，毕竟生活中能跟你说实话的人并不多。只有认识到最真实的自己，你才能知道自己想要的是什么，才会根据自己的情况制定一条可行的道路，然后朝着目标大步向前。

有一天，一位青年来到一家心理咨询室。

“有什么可以帮你的吗？”医生微笑着接待他。

“我这段时间感觉生活好累，每天早晨起来害怕照镜子，也害怕见到熟人，这是为什么？”青年对医生说。

“能把你的情况说得具体点吗？”医生问。

青年原本生活在农村，大学毕业后就留在了上学的这座城市，现在供职的这家公司，几乎每个人都是本地人，而且每个人都有显赫的家庭背景。为了不成为同事眼中的“另类”，他选择了欺骗，他用自己一个月的工资为自己买了几套名贵的行头，然后跟着同事们一起出入那些高档场所。

听完青年的讲述后，医生说：“脱掉这些束缚你的衣服。”

青年照着医生的指示脱掉那些名牌的衣服，挂在了衣架上。

“低头看你的手。”医生说。

青年低头看自己的手时，才发现自己的手因为过去做过多年农活的关系，看起来很粗糙。

“或许他们已经知道了你的身份，只是帮你隐瞒这个事实，而你却还活在自己用谎言包裹的世界里，你不敢照镜子，是因为你不知道自己是谁，不敢见熟人，是因为你怕他们打破你现在虚假的生活。”医生继续说。

“放下那些不属于你的东西，面对最真实的你。”医生把一面镜子放到他手里。

从那以后，青年便公开了自己隐藏的秘密，也很少出入那些高档场所，跟过去的朋友也恢复了联系，工作也越来越有激情。

很少有人会这样问自己：我是谁？太多人觉得平凡的生活不是自己的追求，所以开始不顾一切地伪装自己，只为让别人觉得自己是一个不平凡的人。

只有认识自己，正视自己的人才能在人生道路上走得一帆风顺，不至于被世俗的风吹得东倒西歪。

生活让我们头脑中那些虚伪的“小鬼”跑出来作祟，于是我们选择站在舞台上扮演着熟悉而又陌生的角色。或许有一天心血来潮，拿起镜子看看现在的模样，不禁感慨镜中人是谁？然后内心开始挣扎，想做回真正的自己。

人的一生不过短短的数十年，如果连自己都迷失了，人生还有什么意义？

如何做真实的自己？就是能面对自己一切的不如意，在别人面前敢于展示自己的不完美，按照自己的内心生活，并善于终结自己的过错，及时改正所犯的错误。

不忘初心，不忘根本，不忘自己为何而来，不忘自己为什么要做这件事。当我决定写这本书的时候我就问过自己这样的问题：我为什么要写这本书？为了成名？为了赚钱？都不是！只是希望能把这些年对生涯规划的理解，在实践中对生涯规划的核心问题的总结和经验拿出来，分享给更多的人，希望能帮助更多的人。

认识自己的价值

也许有时候你会觉得自己一事无成，也许你会觉得自己就是世界的累赘，也许你认为自己就是个错误的存在。这些都是因为你没有真正地认识自己的价值，所以总觉得你就是那个“拖后腿”的人，开始消极的生活。

所谓“天生我材必有用”，每个存在于社会的人，都有自己的价值，有的人认识到自己价值的所在，所以努力诠释，让自己的价值展现得更加完美。另一些人，认识不到自己的价值，所以变得消极，没有努力的方向，到处摸索，到处碰壁，最后被生活折磨得伤痕累累，也没能实现自己的价值。

中国有句俗话“人贵在有自知之明。”可以说，这句话的重点在这个“贵”字上。它不仅仅有宝贵的意思，更深层的含义在于稀少，毕竟“物以稀为贵”，能认识到自己价值的人，就拥有了一种宝贵的财富。

有个很有才华的青年，但在工作中却得不到老板的赏识，老婆也嫌弃他工资太少，就连儿子都说他无能，挣不到钱。于是，他觉得自己没有任何价值，开始自暴自弃。后来，老婆受不了他的颓废，带着儿子离开了他，这种打击对他来说，无疑是雪上加霜。所以，他开始借酒浇愁，浑浑噩噩地生活着。

有一天，他喝醉了酒，开车撞到了行人，被带到了公安局。在监狱的那段时间是他过得最平静的日子，狱友都觉得他很有才华，是个有智慧的年轻人，所以都喜欢跟他交谈。狱友对他的赞赏让他觉得自己并不是那么的不堪，于是他决定，重新开始自己的生活。

出狱后，他把自己的房子卖了，开了一家小公司，专门为刚出狱的人提供培训和就业岗位。

员工对他都很感激，觉得是他给了自己第二次未来，这让他非常高兴，觉得终于找到了自己的价值。

事实上，每一种生物都有自己的价值，比如蜡烛，它的价值就是在漆黑的夜里燃烧自己，为别人带去光亮。认识自己价值的一条最强有力的途径，就是从别人的赞叹和感谢中感受到自己的价值。

对于人类来说，那些善于认识自己价值的人是聪明的；那些能够在个人的话语中发现自己价值的人是快乐的；而那些既不能认识自己的价值又不会承认自己价值的人是愚昧无知的。无论何时何地，那些能够真正认识到自己价值的人，永远不会因为自己的缺点和不足而丧失勇气。

正确地认识自己的价值，客观地评价自己，这些会对人生的发展方向和美满生活的构建带来极大的好处。因此，我们应尽可能地了解自己，认识自己，进而更好地把握自己、发现自己，实现自己的最大价值。

任何一个来到这个世界上的人，上苍都赋予他们不同的使命，这些使命就是他们毕生的价值。只有认识自己的价值才能在对的路上一直走下去。做别人需要的事情，就会被别人需要，被别人需要就是存在的价值！

07　扬长避短，发挥你的优势

接纳你的不完美

世界上肯定有很多人都希望自己美若西施，貌若潘安；都希望自己才华横溢，出类拔萃；都希望自己含着金汤匙出生，一生下来就一帆风顺，坐享其成。可惜这些都不符合现在世界发展的规律，这些都只是我们一厢情愿的白日梦。

世界上有很多事情是可以改变的，但有些事却是我们无能为力的，每个人都有优点有缺点，只有接纳自己的不完美，你才能认识到自己的不足，然后才会去改变。

有多少人能主动承认自己某方面确实不如别人，又有多少人会愿意听别人指出自己的缺点。生活中，绝大多数的人都嫌弃自己个头不够高，皮肤不够好，生活不够富裕，等等。这些都反映出，他们不愿意接受自己的这些不完美。

如果你不能接纳自己的不完美，一味地选择逃避，你就会每天都在抱怨中度过。因为你不敢面对真实的自己，所以变得压抑、委屈。如果一个人经常逃避自己，选择用假象蒙蔽自己的双眼，你就无法改变自己，让自己永远处在不完美的浪头中，无法进一步迈向完美。

2003年12月24日，当时的外交部部长李肇星坐客新华网“发展论坛”聊天室，回答网友们提出的问题。有一位网友提问到：“如果有人说你的长相不敢恭维，你会怎么想?”

“我的母亲可不同意这种想法，她是一位山东农村的普通妇女，他对我的长相就十分自豪。”接着，李部长又补充道：“我在美国俄亥俄大学演讲的时候，在场的3000名学生曾起身为我鼓掌长达三分钟之久，如果我的工作能让外国人觉得我的祖国是美好的，那就是我最大的幸福和荣耀。记得一位美国教授对我评价说‘你更看重自己的祖国，所以把自己看得很轻，这正如美国流传的一句话，天使能够飞翔，是因为把自己看得轻了。’”

对于李部长的长相，有网友赞赏说：“虽然有人不敢恭维你的外表，但在我们眼中，你就是最有魅力的男人。您在外交场合的言辞，让我们看到了中国男人的阳刚之美。”

“你的话让我受宠若惊，我知道我的外貌，但我工作的时候很少注意到它。”李部长微笑着回答。

要想让自己变得更符合你的想象，一条重要的原则就是对那些我们不能改变的事物，要能够像外交部部长李肇星那样安然接纳。

你要知道，每个人都有不足，接纳自己的不完美，并不是消极地接受宿命，而是用积极的心态豁达地面对人生。无论我们周遭的事情多么残酷，只有敢于正视自己，才能让我们脚踏实地地生活。虚幻的自己，无论多么美好，多么贴近生活，都是无法站稳脚跟的。

所以，千万不要刻意回避自己的不完美，不要再用幻想的假象来懊悔现在的自己。对于那些我们无法改变的，委屈、抑郁都是于事无补的。也许你真的不完美，但你却有真正的魅力裹在其中。

我们必须坦然面对自己的不完美，承认自己的不完美，接纳自己的不完美。只有这样，我们才能多一份包容，多一份自信，才能成为别人眼中有魅力的人。

相信自己，你拥有独一无二的优势

曼妙的身姿，智慧的大脑的确可以让你骄傲，但人们需要的不是这种昙花一现的美丽，而是拥有一生都具有的独特魅力。能否实现这一愿望，自信的态度就起着决定性的作用，相信自己，你拥有独一无二的优势。

只有当你相信自己的时候，你才会神采奕奕、精神焕发。而且即便是在生活中遇到了困难，你也会积极地去面对，并且相信自己可以解决，可以说，是否相信自己决定了你人生的高度。

其实，人生是个大舞台，只有相信自己的人才能展现自己的价值，获得别人的青睐，取得更大的成功。

如果你缺乏自信，你一定要培养相信自己的能力，相信自己有独一无二的优势，相信自己肯定能走在别人前面成功。

怎样培养相信自己的能力？首先，你应该正视自己的不足，并且敢于接受它们，否则你会像做了错事的孩子，畏首畏尾地生活；其次，找到你的闪光点，也就是优势，正是这些东西会让你的人生变得独具魅力；最后，多看些书，丰富你的知识技能，这样会让你工作的时候更加得心应手，做好资源储备。

你是否听过卡梅拉这个名字，她是美国最出名的模特之一，很多著名的服装公司都找她做过代言人。

她的薪酬非常高，出席一场活动就要上千美元，这可不是一个小数目。如果你没见过她的本人，你一定认为这个风靡全球的模特一定是位倾国倾城的绝色女子。但如果你看过她的照片或海报，你就会发现她的相貌十分平常，至少很多模特都比她长得漂亮。

可为什么那么多比她漂亮，比她身材好的模特却没她有名呢？

曾经有一位记者这么问她：“比你长相好的模特很多，那为什么你比他们都出名呢？”

“其实，很多人无法想象，我这么一个相貌如此平常的女孩会成为美国顶尖级的模特。的确，如果从相貌上说，很多模特都比我优秀，甚至说，我的相貌十分的普通，完全没有那种令人惊艳的容貌。但是有点她们比不过我，就是我相信自己，相信自己有种独一无二的优势。你难道不觉得有自信的人就会浑身散发魅力吗？如果一个人连自己都不相信，即使长得再漂亮也没人会去欣赏，这就是我比其他漂亮的模特更成功的原因。”卡梅拉笑着回答记者的问题。

从卡梅拉的这段话中我们不难发现，有自信的女人才会浑身散发令人折服的魅力。

只有相信自己的人，才会那么的帅气、那样的精神饱满，才能把他的魅力完完全全地展现出来。有些人因为意识不到自身的优点，慢慢地失去了自信心，变得蹑手蹑脚，致使自己的许多优势展现不出来。

如果你现在正面临着这样的处境，那你需要改变自己的思想，把自己的注意力放到你的优点上面，相信自己身上具备别人不具备的优势，这样你就会变得越来越自信。

萧伯纳曾说过：“有自信的人，可以化渺小为伟大，化平庸为神奇。”相信自己，你才能让自己变得勇敢，才能具备扫平一切困难的伟大魄力。

要想成就一番事业，实现自己的价值，相信自己，这是实现愿望的必备条件，否则，你会在追梦的过程中畏首畏尾，止步不前。

世界上为什么充斥着有才华的穷人

看看周围，有不少满腹经纶、满身才华的人却依然为生活的简单开支而烦恼，你是否感受到什么？我们都知道，才华横溢的人更容易成功，可世界上为什么充斥着有才华的穷人？

我们从小便在父母的逼迫下学习各种知识与技能，说是只有这样以后才会有出息。可有些时候，当我们学有所成的时候，却把最初的梦想丢了，随波逐流，一无所获，最终流落成了有才华的穷人。总是埋首于杂七杂八的生活琐事，常常是两眼一睁，忙到天黑，生活被琐碎的事情填满，忘记什么才是自己应该追求的。

年轻人需要有方向的奔跑，这一点毫无疑问。可是整天的忙碌，又没有得到满足暂且不说，荷包不见鼓，才华得不到重用，这样的生活有什么意义？如果只顾低头行走，而没有抬头看路，你越努力的向前，在错误的路上就会越行越远，从而沦落为有才华的穷人。

如果你现在也是有才华的穷人，你是不是应该让自己从繁杂的琐事中抽出身来，思考并修正人生的方向。我思故我在，现在是时候改变你自己了！

有位本科毕业的大学生，所学的专业是科学技术，在校期间成绩一直很不错。

毕业的时候，因为没找到合适的工作，再加上家庭条件的原因，他回到了养育自己的城市，那时候，他没有别的要求，只想找到一份可以糊口的工作。他认为这个城市里没什么好的公司，他也没有工作经验，所以最后在一家公司做了小职员，开始了每天忙忙碌碌的生活，只为那份微薄的工资。

工作一段时间后，他觉得自己仍然一无所有，开始进入每日浑浑噩噩的工作状态。工作中也不思进取，对老板布置下来的任务也只是以完成来定义，自然得不到老板的赏识。一同进入公司的其他员工都有了提升和加薪，只有他还停留在原地。

有一天，他碰到曾经的高中同学。

“怎么样，现在混得不错吧？你可是我们班唯一一个考进名牌大学的。”同学问。

“我留在这个城市工作，是一个小职员，工资你也知道的。”他有些尴尬地回答。

“每份工作，只要用心做，都能达到理想的效果。”同学拍着他的肩膀说。

和同学分别后，一路上他都在想，自己当初为什么会选择科学技术这个行业，如果只是为了在这里做个小职员，那么这几年的大学生涯不是在浪费时间吗？他开始意识到现在的自己，就是一个有才华的穷人。

之后，他像换了个人似的，每天很早就来公司上班，对待工作的态度也变得积极起来。因为他本来就具有这方面的能力，所以工作中很快就受到老板的赏识。一个月之后，他便凭借着突出的工作质量，扶摇而上，同时也拿到了可观的工资。

这个故事告诉我们，不要让忙碌的生活改变了你最初的模样，要停下来规划或是修正自己的未来，找到适合自己的人生方向，这样才会实现自己的人生价值，才不会在生活的逼迫下沦落为有才华的穷人。

生活中，你需要不断地思考自己的人生，思考会让你变得更冷静，思考会让以后的忙碌变得更有成效。你需要考虑的不仅是工作带给你的生活来源，还有你的职业定位、思维习惯、处理问题的方法是否正确。疏于思考你就会迷失自己，丧失发现自己的能力，所从事的工作也只是你用来糊口的工具。

给自己找出一点时间思考，通过思考我们可以根据自己的实际情况确立自己的梦想，引领我们成长，在不断反省和总结中前进，只有这样，你才不会在人生的道路上迷失自己，才能改变自己的命运，实现自己的价值。勤劳的双脚必须踏在正确的方向上才能迈向成功！

最终的资源在你的情绪——决心，意愿，动力

生活中，我们会发现一个意志消沉的人，往往这辈子不会做成什么大事；一个情绪积极的人，倒有很大的几率实现他的理想。这一切不是由命运决定，而是在于最终的资源——你的决心、意愿、动力等组成的情绪。

人们是可以通过调节自己的情绪改变命运的，情绪是我们自身散发的某种能量，好的情绪能影响我们的思想走向和行为活动，甚至事态的发展方向。

情绪决定你能力的强弱，影响着你的人生。

生活中虽然有些事情我们不能掌控，但也有很多的事情可以通过我们的掌控变得更好。美好的生活源于你的决心大小、意愿强弱、动力多少，只要打开了这些情绪的按钮，好运才会降临到你的头上。不要去羡慕别人的安逸生活，也不要再去嫉妒别人的好运气，善用你最后的资源去改变你

的生活。

你现在关注什么？想得到什么？这些都是你的意愿，决定着你的目标。而你想得到这一目标的迫切程度，决定着你的决心，目标也是你追求的动力。

生活向来不是完美无缺的，如果你总是从失意的角度去观察它，那么它的缺陷会被不断地放大，你看到的世界将无比黑暗；相反，如果你总是怀着积极的情绪去对待生活，那么它的缺点就会不断地缩小，你看到的世界将无比光明。

有一个小伙子，大学毕业都好几年了也找不到一个合适的工作，一直在跳槽，可跳来跳去都是底层的小职员，这让他觉得自己的才能无用武之地。

年近三十岁的他，最终还是一无所有。他整日郁郁寡欢，觉得生活欺骗了他，无论自己怎么努力，成功都与他无缘。就这样，他变得意志消沉。这一切，他母亲看在眼里，急在心里，可是也没半点办法，于是决定领儿子去算命。

算命先生看了小伙子的生辰八字，眉头紧锁，语气沉重地说："你啊！将会一直这样潦倒，直到四十岁。"

小伙子听完算命先生的话，更加抑郁了。

"没事，四十岁之后就好了。"母亲安慰他说。

"不，你理解错了，我是说四十岁之后他就习惯这种生活了。"算命先生打断母亲的话说。

母亲一听更着急了，问算命先生："有什么破解的方法吗？"

"一个胸无大志又没有决心的人，怎么有成功的动力，若一个人整日带着消极的情绪生活，那么谁能替他成功？"算命先生继续说："至于破解的方法……"，算命先生起身走到小伙子的身边："你说有吗？"

小伙子听完算命先生的话，微笑着对母亲说："我已经找到了破解的方法。"

一个人若想成功，最终的资源在于他的情绪、意愿、决心和动力，这些都是人生规划中必须加入的情绪调料，缺少了它们，生活就会变得平淡无味，最终也达不到理想的效果。

从现在起，确立你的生活目标，然后培养自己的决心，寻找追求梦想的动力，三者结合，你就能拥有美好的人生。

生活忙碌的时候多停下来问问自己的意愿，跟着自己的意愿走，然后树立自己的决心，找到自己的动力，这些是你最后的资源，只有利用好这些资源，你才能实现自己的梦想。

一个成功能吸引更多的成功，而一个失败则会带来更多的失败。如果你能以积极的情绪发挥你的能力，并且相信成功是你的权利的时候，你的情绪就会助你成就所有远大目标。

我们的命运时刻被决心所改变，它也是最重要的积极情绪，要达到预期的目标，就需要我们有强烈的成功意愿。

记住，成功不应仅仅停留在希望和计划上，紧抓住生活给予的机遇，善于利用我们最后的情绪资源，这样才能真正成功。情绪的按钮是掌握在自己手里的，情绪是自己选择的结果，人类的伟大在于在刺激和反应之间我们可以做出选择，这就是人类的分析式反应心灵。不管世界如何改变，不管面对什么样的问题，我们都可以冷静面对，做出选择。运用这样的反应模式就能把情绪掌握在自己的手里，成为情绪的主人，提高情商，走向成功！

以“最好”的人为榜样

十个手指头伸出来还有长有短，人不可能都是优点，全是长处。我们应该善于发现别人的长处，然后取长补短，学会以最好的人作为榜样。

孔子说：“三人行，必有我师，择其善者而从之，其不善者而改之。”每个人都有自己的长处和短处，仔细地去寻找，即使在那些有着明显缺点的人身上，也会找到值得赞赏的优点，我们以这些优点为榜样去学习，直到这些优点为我们所用。

或许你认为把别人作为榜样就是抬高了别人贬低了自己，这就大错特错了。学习别人的长处是一种更有智慧的表现。只有你放下架子，把别人作为自己的榜样，虚心地向别人请教学习，你才能不断进步，你才能站在巨人的肩膀上，看得更高，走得更远。

你周围肯定有事业成功的人，他们或许是你的同学、你的邻居，或是你的长辈，他们都有资格成为你的榜样，你需要向他们学习成功的经验，只有这样，你才能不再面临失败。

那些成功的人，肯定付出的比别人多得多，感悟的也比别人多一些，这些我们得不到的东西，对我们来说都是最好的，以这种人作为榜样无疑是激励自己的一种手段。

琪琪是一家服装店的售货员，平常的工作很轻松，但是琪琪并不满足于自己只是个售货员，她一直对经营服装店有很浓厚的兴趣。她发现店长在经营服装店方面很有经验，于是决定以店长为榜样提升自己。

刚开始，琪琪每天都是按时上下班，但是她发现每天自己来上班的时候店长早就到了，自己下班走的时候，店长还没走。于是，她也开始早来晚走，早上跟着店长做好一天的准备工作，晚上做好一天的收尾工作。在这个过程中，琪琪学会了如何给服装上架，如何清点库存和销量，如何提高服装的销量，如何打造爆款，等等。

上班的时候，琪琪也总是暗中观察店长如何与顾客进行交流，让顾客开心地为一件又一件衣服埋单，然后再把自己“偷学”到的这些技巧用在推销中，效果非常好，很快就成为这家服装店里的销售冠军。

琪琪在店长这个“好榜样”的“指引”下，很快就对如何经营服装店驾轻就熟，不久，就实现了自己的理想——开了一家属于自己的服装店，当上了店长。

选择最好的人作为榜样，跟着他们踏上成功的路，让他们的成功变成激励自己不断向前的动力。

当你忙碌得感觉时间不够用的时候，当你每天下班回家觉得心累的时候，当你人生出现迷茫、想放弃的时候，你需要有人指导你，告诉你前方的路怎样走才能不再跌进下一个黑暗中，才能解救迷失中的自己。

榜样的作用就是坚定我们的信心，让我们在人生的道路上不会摔得太惨。你需要做的就是认识自己的缺点，找到自己的不足之处，然后根据这些找到一个跟自己互补的成功者，了解他们成功的秘诀，有可能的话多跟他们交流经验，这样才能让自己更有针对性地学习，更加充实自己。

并不是所有成功的人都可以作为自己的榜样，有的人的成功经历是不适合你借鉴的，所以你要分析每一个成功者的自身状况，然后根据自己的资源和条件，选择恰当的对象作为自己的榜样，这样就避免了盲目跟风的现象。

发生在我们身边成功的案例每天都在上演，不知道你有没有想过，为什么别人能够成功？他们采用什么样的方法、步骤，保持怎样的心态，才取得今天的成就？把他们作为榜样，并不是模拟他们的生活，而是把他们的方法、步骤、心态等作用到自己的成功中去，这样才不会让自己在榜样的生活中迷失自己。

人是环境的产物，跟什么人，学什么样，“昔孟母，择邻处”，如今我们自己要选择自己学习和模仿的对象，走上正确的道路。

第四章

我能做什么

——钓鱼之前选好鱼塘

镜像人生：《阿甘自传》

阿甘的妈妈对阿甘说："我只是告诉自己，当我做一件事的时候，我就要尽力去做好它，比如我这辈子做了你的妈妈，这是我无法选择的事，上帝把你给了我，我的孩子，我就必须尽力做好你的母亲，我做到了。"

阿甘很听妈妈的话，这些话他都记住了，他说，笨人有笨人的作为。当珍妮叫他快跑的时候，他趺趺撞撞地跑了起来，就是这样的第一次奔跑，发掘出了他的第一项潜质：跑。他一直在不停地奔跑，开始是与别人打架的时候逃跑，后来他跑进了橄榄球队，再后来跑进了大学，跑出了自己的学历。在越战战场上，仍记得珍妮提醒过自己的，"打不过就跑"，所以，他挽回了自己的性命，也跑回荣誉和友情。

"人生就像各种各样的朱古力，你永远不知道哪一块属于你。"这是阿甘的母亲对阿甘说的话。这句话表明，每个人都有自己的成功轨迹，并且是独一无二的。所以我们必须清楚自己能做什么，这样就能有效地扫描身边的环境，找到自己的优势，才能在一条适合自己的人生之路上走出精彩。

你能做什么？不要让自己的未来走在一条偏离自己能力的路线上，不然你就只能直面惨淡的人生。

钓鱼之前要先选好鱼塘，人生最大的困难，不是行走的路途中遇到的挫折和磨难，而是行走在一条不属于自己的路上。

认清自己，究竟能做什么，为自己的人生选择好"鱼塘"。

08　扫描环境，找到优势

和出身有关的优势

我们常常听到这样的抱怨，为什么自己不是个“富二代”？为什么还要为一日三餐而拼命地工作？也有人说：“穷人家的孩子早当家。”所以说，不同的出身，会赋予我们不同的优势。

如果你出生在一个条件不错的家庭里，你自然不必为日常的开销烦恼，你就有足够的时间做你喜欢的事情，有足够的实力支付你想得到的物质享受，因此你会活得比别人潇洒，也会比别人更容易成功。如果你出身于一个贫穷的家庭，从一出生开始，你就注定要靠自己的双手打拼，你会活得忙碌、劳累，但是生活会把你打磨得比任何人都坚强，你会珍惜每一点的成功，你知道它们来之不易。对于生活你会小心谨慎，不允许自己犯一丁点的错，这样会让你的成功变得无坚不摧。

我们决定不了自己的出身，但可以决定自己以后的人生。

利用出身的优势去打造自己光彩亮丽的人生。从现在起，不要嫌弃自己的出身，你要学着去分析，它给你带来什么优势，怎样才能好好利用这些优势，怎样才能不让自己浪费这些资源。

这是发生在我朋友身上的一个故事。

她现在是一家大公司的高层，在一次聚会的时候，她向我们讲述了她的出身。

她出生在重庆的一个小村子里，她是家里的第五个女孩，因为父亲想要个男孩，所以当她出生的时候，父亲绝望了，觉得自己这辈子就别想有个儿子了。

为了逃避计划生育，父亲把大姐二姐留在家里种地，带着母亲还有三个女儿躲到了云南的一个小山村里。父亲靠每天打石头赚来的二十块钱养家，母亲和三姐就帮别人打瓦，那时候每打一块瓦，只有三分钱。而她，每天和四姐步行一个小时的山路去上学，放学还要跑回来照顾家里的六妹和刚出生不久的弟弟。

后来因为弟弟身体不好，容易生病，家里还要承担弟弟的医药费。所以，她每天要打三百个瓦才能维持一天的生活费，她每天天不亮就起来和姐姐们一起打瓦，中午就在学校捡瓶子卖钱，下午一放学就立刻往家跑。她每天都在打瓦，根本没时间做作业，成绩自然一落千丈，于是父亲让她辍学，到外地打工赚钱。

她成了一名童工，每天靠体力帮别人干活，用挣的钱买来课本自学。就这样，一晃十年过去了，她终于考上了理想的大学。

大学毕业后，好多人都找不到理想的工作，只有她，从一个不起眼的小职员一路走到了今天。

她的出身让她经历了比别人更多的磨难，但这些磨难锻炼了她坚强的意志，让她的身心都得到了磨炼，就是因为这些磨炼，成为她人生中成功的优势，所以她比别人更能承受生活中的压力。

如果一个人出生在一个条件优厚的家庭里，他就拥有比别人更丰厚的物质优势，有足够的经济实力支撑自己的理想，会比别人更快一步找到自己成功的方向。

我认识的那些“富二代”们，都是依靠自己的经济能力和从小就培养的人际交往能力成功的。他们从小就接受比别人更好的教育，接触更多的成功人士，受那种上流社会熏陶，这些优势就是他们的良好出身为他们带来的财富。

相反的，一个出生在一无所有的家庭的孩子，会更懂得今天的生活来之不易，懂得要比别人更珍惜生活，也会比别人更加坚强。因为没有经济依靠，只能靠自己的双手打拼，因为一无所有，所以敢放开去闯去拼搏，跌倒了有继续爬起来的勇气，这些优势才会让他们越挫越勇。

学校、学历、专业，哪一个是你的优势

如果一个人毕业了十年还会得意地向别人介绍他的母校、专业、学历，只能说明毕业后他自己没有什么长进。学历是块敲门砖，也许它能让你有机会进入某一个平台，可是并不能决定你在这个平台上能发展成什么样，更不能决定你能走到什么高度，拥有什么样的辉煌。市场经济的本质是用结果说话，能力永远大于学历！

我们身上有很多的优势，比如我们接受的教育、积累的经验，还有我们毕业的学校、学历、专业等等，但就学校、学历、专业而言，哪一个是你的优势？

高中毕业后，和同学见面，你肯定会问：“你在哪个学校？”那个时候你会认为学校就是你的优势，它会让你在朋友面前有面子。

大学毕业后，面临的就是就业问题，不论你到哪家公司应聘，都有学历的限制，你会觉得比别人学历高就成为你会被录取的优势，所以你自我

介绍的时候总会把你的学历放在前面，那个时候，对你来说，学历就是你的优势，因为它是企业衡量你是否符合要求的一个条件。

可是当你真正投入这份工作的时候你会发现，学校、学历都是些次要的东西，它们在你的实际工作中不会对你有任何的帮助，专业知识技能才会让你有能力胜任这份工作，这个时候你就会发现其实你的优势就是你的专业，学历只是你进入这个工作的一个条件。

如果一个人空有文凭，而没有相应的专业知识，就像一本装帧华丽的书，里面没有自己想要的内容，对自己一点用处都没有。

学校、学历只是些空洞的代号而已，真正的优势还是你的专业，这是你生活下去的资本，也是你生存下去的能力，能力大于学历，所以这个优势会让你一生受用。

李东毕业于一所名牌大学，他一直觉得自己的优势是自己的学校，因为那所学校人尽皆知，他一直为此而骄傲。有一天他到一家公司面试，那家公司要求很高，学历必须是本科以上，他很庆幸自己获得了面试的资格，和他同行的其他朋友则因为学历被拒之门外。

李东去面试的时候，刚介绍了自己毕业的学校，面试官就大为赞叹，因为那是在国内名列前茅的学校，所以每个人都认为能进那所学校的人都是相当有能力的人，当然李东也这么认为。

在面试中，李东理所当然地被录用，为此他感觉很有成就感，毕竟这家公司在这个城市的知名度还是很高的。

工作了一段时间后，李东就觉得这份工作让自己很有挫败感，因为他所从事的工作是对专业技能有所要求的，而他在学校的时候所学专业并不是这个。他一方面觉得这份工作自己不能胜任，另一方面感觉自己的专业知识得不到应用，发挥不了自己的优势，所以他认为这份工作不适合他。

很快，李东就从这家公司辞职了。他觉得自己的优势不是自己的学校和学历，而是专业技能。很快，他便找到了一个和自己专业对口的工作，实现了自己的价值。

就你所具有的这些优势而言，你要根据自身所处的环境去判断在当下的时刻哪个才是你特别的优势，只有清楚地认识这一点，才有可能把这一优势在人们面前展现出来，这样才能利用这个优势让你在人群中处于显著位置。

在不同的人生阶段，不同的生活环境中，学校、学历、专业这些优势发挥不同的作用，要想在社会这个大环境中生长得枝繁叶茂，必不可少的内在因素就是你自身的优势，就像庄稼一样，不同时候需要补充不同的元素。只有认识这一点，才能让自己在人海中脱颖而出。

先适应社会，不要等着社会适应你

常言道："适者生存。"这句话说明了现代社会的生存法则，你要先适应社会，不要等着社会适应你。

只待在原地，等社会适应你，这是不可能的。社会只会不停地向前发展，而不会停下来迁就你的脚步，它就像幼儿园的园长一样，不会因为你哭闹着不想上课而放假，那时，你唯一能做的就是去适应身边没有父母的陪伴，只有老师和小伙伴的生活，这是连小朋友都懂得的道理。他们知道哭闹得再厉害也不可能改变上学的处境，所以他们选择好好学习，和小朋友和平相处，这样才能让自己的生活充满趣味。

有些时候你越觉得周围的环境不是你想要的，你就会越烦躁，这样只会让你的生活变得更加寸步难行，所以你要学会调节自己的情绪，利用身边一切可利用的资源，去适应这个社会。要知道，力的作用是互相的，只有你适应了这个社会，社会才会适应你。

如何去适应这个社会？首先你应该做的就是要了解这个社会，然后根据这个社会的需要补充自己相应的能量，让自己有一技之长。时刻保持对生活的激情，多向成功人士请教经验，时刻不忘给自己充电，这样才能不被社会淘汰。

有个道理我们都懂，生活不是属于哪一个人的，所以它不会因为某个人的需要而去迁就，所以，我们只能改变自己去迁就它。

沈晨是一名公司的会计，他总觉得这样枯燥的工作不适合自己，所以每天都郁郁寡欢。有一天，他去参加专为他们这些单身的人组织的联谊活动。

沈晨不喜欢这样的场合，他总觉得人多会让自己变得缩手缩脚，感觉很不自在。所以平时不上班的时候他就在家看书或是上网，不太爱接触外面的世界。他觉得对世界而言，自己就像个局外人，是一个看客，这让他很不舒服。

在联谊会上，沈晨一直没有主动和别人交流，即使他在这里遇到了自己喜欢的女孩子，可他没有勇气迈出这一步，眼睁睁地看着机会从自己身边溜走，为此，他很是懊恼。

他把这件事告诉了自己的好朋友，他的朋友对他的行为也感到惋惜。他告诉沈晨，是他的态度影响了他的行动。

“生存就是一个严肃的问题，适者生存，在这个世界上不是每个人都很顺利，关键看你怎么解决问题，不要总想一些不开心的事情，这样会让你的生活时刻充满烦心事，如果用积极的态度看待这个社会，适应社会的发展，你就会觉得每天都有意义。”朋友这样劝他说。

之后沈晨听从朋友的建议，换了种心情看待这个社会，工作虽然枯燥，可每当把杂乱的数字填到相应的栏目中，就会觉得有种成就感，渐渐地他发现会计这个行业也很可爱。他不再宅在家里，而是走出去，勇敢地面对一切，从此告别那个每天愁眉苦脸、郁郁寡欢的自己。

只有你适应了社会，社会才会善待你。

刚走出学校的你，总会感觉有些不适应，这些都是很正常的事情，不要把这当成一种负担，这会增加你的心理压力。一个陌生的环境的确让人胆怯，但你需要做的就是放开点，试着去接受你不想接受的，试着去适应一些新的环境，时间久了，你就会觉得适应其实没有想象的那么难。在这个社会上生存，人际关系必不可少，所以要学着多接触一些不同的人，丰富自己的交际圈。

要想成为社会上出类拔萃的人，首先要做的就是适应这个社会，不要等着社会去适应你。

热爱现在做的事情

痛苦和快乐都是自己的选择。我们不能选择风向，但是我们可以调整风帆。与其痛苦地煎熬，不如愉快地接受并享受。当我们愉快地接受并享受的时候，更多的美好就悄悄地向我们走来了。

我们都知道，做自己喜欢做的事是一件跟幸福有关的事情，因为这样你会觉得生活得很有意义，也会把这件事情做得更好，所以，从现在起，热爱你所做的事情。

生活中并不是所有的事情都能按照我们的希望进行，有很多时候我们都会处在被动的选择状态。也许你所做的事情并不是很令你满意，这样的话就会导致你对这件事不那么认真，只是简单地应付，不仅降低了做事效率，还会让身心疲惫。

对个人而言，如何热爱所做的事情是门学问，只有投入百分之百的诚意对待这件事，才不会因为外界因素的干扰而产生排斥感。爱好是可以调节的，每个事物都有多面性，从不同的角度观察，就会有不同的收获。

能够触动感情从而产生激烈情绪的事情，通常是触及了自己的利益或尊严的。当你不喜欢这件事情的时候，你要学会转移自己的注意力，暗示自己这件事对你的重要意义，会给你带来的好处和满足，这样会让你忘记这件事给你带来的负面情感，然后更有激情地投入到现在的工作中去。

乔布斯说："我确信我爱我所做的事情，这就是这些年来支持我继续走下去的唯一理由。"

很多人不成功却找不到原因，那么请问问自己是不是在做自己真正热爱的事情吧。

我们都知道乔布斯，他是苹果的创始人，其实人们只看到了他的光鲜亮丽，却不曾知道，他创业的艰辛。在他 20 岁的时候，他和 Woz 在他父母的车库里创建了苹果公司。他们非常努力，10 年内，苹果从一个只有他们两个人的车库公司成长为拥有 4000 名员工的公司，当时他刚刚满 30 岁。但是就在他最辉煌的时期，他被自己创造的公司解雇了，而且是以人尽皆知的方式被踢出公司，这对每个人来说都是毁灭性的。

那段时间他不知道该做什么，成为一个众所周知的失败者，他甚至想过从硅谷逃走，但是他仍然热爱他所做的事情，所以，他决定重新开始。

之后的五年，他创办了两家新公司，在经历种种后，他重新回到了苹果的怀抱。

乔布斯说："我很幸运，在生命的最初阶段就找到了自己热爱做的事情。”因为热爱，所以会重拾信心把苹果做到今天的成就。

其实，想要在一件事情上有所成就并不难，关键看你的态度。只有积极的态度才能让你的事业蒸蒸日上，当你喜欢一件事情的时候，你能找出一百种让它成功的可能，会战胜一切困难，只因为想把这件事情变得更加完美。

当你不能选择你做的事，那就接受你做的事，然后爱上它，不要扼杀自己的兴趣和好奇心，不要觉得自己不可以。当你成功克服一件困难事的时候，你就会对这件事充满兴趣，因为有兴趣，所以会欣然接受，只有接受，才能慢慢地变得热爱。

找到真正适合自己的企业

职场的前十年属于“职业探索期”。如果没有探索过，你都无法判断自己到底喜欢什么适合什么，要允许自己选择，找到自己真正适合的工作和事业，将是人生一大幸事。

在生活中，许多人都遇到过这样的情形：工作正得意的时候，却忽然发现老板否定你所有的创意；你认真为每一个客户分析利弊的时候，却发现他们对你的意见竟然吹毛求疵。这个时候你会觉得曾经所做的一切都失去了意义，所以，找到一个真正适合自己的企业，是一件很重要的事情。

许多人都是在工作了一段时间后，才发现自己选择的企业根本不适合自己，这就等于在一条不适合自己的道路上浪费了时间。人生有些东西可以迁就，有些东西是不能迁就的，当你觉得风光无限或是情绪低落的时候，你需要问问自己的内心，是否适合这个企业，这个企业能否实现你的人生目标。

有时候我们判断一个企业是否适合自己的时候，不应被它的某一方面所迷惑，应多走出来看看这个企业，从别人的口中了解这个企业。选择企业的时候，你应该考虑这份工作是否是自己能力范围之内的，能否实现你的职业价值，从这些方面考虑，才能知道这个企业是否真正适合自己。

找一个适合自己的工作是一件很重要的事情，通常我们一边工作，一边认识自己，一边分析总结这个企业和自身之间的关系。对现在的年轻人来说，不要急于给自己找一个挣钱更多的企业，这样会局限你的潜力得不到好的发展。

秀秀和莉莉是同一届的大学毕业生，也是很要好的同班同学。毕业于文秘专业的她们，在毕业以后事业的选择上却有很大的差异。秀秀性格内向，一直希望能进入规模大一点、气派一点的公司工作，觉得向亲朋说起来也比较有面子。通过各种关系，秀秀如愿进入一家大型的国有企业，虽然只是做前台，但看到父母在向别人提及自己时的自豪感，也就心满意足了。

丽丽性格外向，大局观也好，她不在乎公司的名气，而是根据自己的专业和特点，选择了一家名气不大但却处在朝阳行业内有着好前景的民营企业。

两年后，当昔日的好姐妹再次相聚时，秀秀因为整日机械式的工作没有任何发展空间，三个月前就提交了辞职申请，现在正身心疲惫地为以后的工作来回奔波；丽丽则是公司的中层管理干部，虽毕业于文秘管理专业，但通过自己不断地努力，已被提升为公司的副经理。

这个案例告诉我们，好的企业不一定适合自己，大型企业人才济济，自己在那里反而找不到优势，而小企业由于不断发展壮大，升职空间较大，反而更适合自己。

每个求职者就像是一个萝卜，最合适它的坑只有一个；要找到那个最合适的坑，必须先弄明白那是个什么样的坑，自己是个什么样的萝卜。

09　谨慎的选择关系

寻找你人生的“贵人”

当你回首自己的生命历程，可能会发现，有很多人曾经帮助过你，支持过你。而且，通过这些人的帮助，你的工作和生活发生了很大的改变，很多事情都向更积极的方向发展。这些人就是你生命中的贵人，会对你的生活起关键性的作用。

贵人肯定越多越好，这需要你去寻找。

有些人表面上对你很好，很热心，但当你遇到困难的时候，他们或许会视而不见；有些人虽然平时对你并不热情，感觉与你没什么交情，可能会在关键的时候拉你一把。那些拉你一把的人，才是你的贵人。贵人不可能都是你要好的朋友，有时候可能是一个陌生的人，甚至有可能是你的敌人。有句话说，敌人会让你深刻认识到自己的不足，然后才能改进这些缺点，让自己更接近完美。

怎样寻找人生的贵人？生活中你要不断结交新的朋友，这样才能从中发现会鼓励你、让你看到自己优点的人。他们可能与你有利害关系，像是你的亲人、老师、同学、领导等等。那些在经意或是不经意间帮助过你的人，往往对你很欣赏，但他们也经常让你看到自己的缺点以及不足，会毫不避讳地指出你的错误，甚至有时候会帮助你树立正确的人生观和价值观。他们给你的感觉很亲切，你愿意与之沟通，觉得他们的每一句话都在为你着想，即使他们批评你、骂你，你也认为那是善意的，都是你愿意接受并会试着改变的，这些人就是你生命中的贵人。

有位大学刚毕业不久的年轻人，由于一次工作的失误，被老板开除了。这对他来说，是一个不小的打击，他觉得自己的人生很是失败。

为了不让自己继续消沉下去，他决定回老家放松一下，调整好状态再来找份合适的工作。

就在他回家的飞机上，他遇到一位中年男子。

“你为什么看起来这么惆怅，是遇到什么不顺心的事情了吗？”中年男子问他。

他把自己的经历说给中年男子听，借此缓解自己心中的烦闷情绪。

中年男子很认真地听完他的遭遇后，递给他一张名片说：“你正是我们公司所需要的人才，有兴趣的话，随时欢迎你的加入。”

他接过那张名片，才知道他原来是一家名企的人力资源总监。

他从家乡回来后，就进入了那家公司。不久便在那里找到了自己的发展方向，成为一名高级白领。

他一直都很感激那位让自己找到人生方向的人，如果不是他，也不会有今天这么成功的自己。

贵人往往是不经意之间，就会给你的生活带来莫大的帮助，他们有时候甚至不会觉得自己的言行会对你有这么大的帮助，他们只是不自觉地对你以诚相待，自然也没想过会在你的人生中扮演贵人这一角色。

他们对你的帮助有时候或许你根本察觉不到，但每当你觉得是在他们的帮助下才会有今天的成就时，你会觉得无以为报，当然他们也不会需要你回报什么。

贵人对于每个人来说都是越多越好，不同的时期会需要不同的贵人，但那是可遇不可求的，也是需要你真心付出才能得到的。人类社会是人与人相互交往、相互帮助的社会，只有你真心对待别人，当你为你的人生打拼的时候，才不会孤独，因为会有更多的贵人出现。

善待每一个人，用心寻找你生命中的每一个贵人，也努力让自己成为别人的贵人。

对你的朋友进行筛选

如何与人相处是我们毕生都要学习的一门学问，交朋友是需要选择的，不是什么样的人都适合做朋友，朋友不在于多，而在于能交心，能对自己以后的人生有所帮助。不妨对你身边的朋友进行一下筛选，能交的就继续交往下去，不能交的就远离。

俗话说："在家靠父母，出门靠朋友。"如果你交的朋友总是把你当成自动取款机，那你就要思考，他与你做朋友是否有其他目的，而不是真的把你当作朋友。

真心待你的朋友，会在你遇到困难的时候倾囊相助，当你受委屈时会义无反顾为你讨回公道，你颓废时会想方设法帮助你重新振作，会时刻鼓励你，给你自信，这样的朋友是需要保留的；另一些朋友，他们表面上和你玩得挺好，会陪你一起快活，制造一些他们才是你真朋友的假象，可一旦当你繁华落尽，他们便会落井下石。这种人只会陪你欢笑而不会考虑你的泪水，有时候甚至会把你带进万劫不复的境地，这种朋友让他有多远滚多远。

生活中那种缺乏上进心的朋友，每天像怨妇一样抱怨自己的不如意，和这样的人在一起久了你都不会有追求了，也会忘记自己的方向而随波逐流，这样的朋友只会误导你的人生，是应该远离的。也有一种朋友，一年之间可能见不了几次面，也不记得你的生日，可是你若有烦恼，打个电话他就仔细倾听，然后会动用一切资源帮你解决问题。你若是被人欺负，他肯定会第一时间找到那个人，为你打抱不平，这样的朋友是值得你用一辈子的时间去珍惜的。

有一天，我遇到一个中年女子，她在向周围的朋友述说自己的不幸遭遇，我索性坐到他们旁边，做一个聆听者。

中年女子的女儿刚刚大学毕业，留在另外一个城市，说是经朋友介绍，找到了一份不错的工作，当母亲的自然很开心。女儿每个月都会给自己买些补品和衣物，都是名牌，母亲以为女儿找到了份好工作，很为女儿感到骄傲。

可是直到一天，公安局打来一个电话，说女儿参与一个传销组织，已经被捕。听到这话，有如晴天霹雳，她连夜坐火车赶到女儿所在的那座城市。

听完女儿的描述才知道，女儿一个要好的朋友参加了传销，女儿毕业后就被她拉着一起参与了进来。刚开始女儿并不知道这是传销性质的工作，可当她察觉的时候，已经失去了自由，所以不得不继续做下去，直到警察出现在她面前的那一天。

中年女子说女儿很后悔，是自己交友不慎才导致今天的局面，她也没想到原本对自己无微不至的朋友却另有目的。其实，其他朋友劝她和那位朋友保持距离，只是当时自己被利益蒙蔽了双眼，最后不惜与劝她的好朋友决裂，也要落入别人的圈套。

朋友是用真心去交往的，真心这种东西欺骗不了任何人，所以不要被一时的利益蒙蔽了双眼，学会对你的朋友进行筛选，选择一些值得交往的朋友。

真正的朋友即使不经常来往，但也会让你感觉他心里挂念你。真正的朋友会在你得意忘形的时候把你大骂一顿，让你清楚什么叫收敛，他们不管和你相隔多远，多久没见面，只要你有难，他一定不会袖手旁观，而是仗义地帮助你面对一切困难。能有这样的朋友是你的福气，所以你应该好好把握。

找比自己更成功的人

一个人要想更成功的话，一定要找到一个比自己更成功的人。因为人与人之间是会相互影响的，我们和什么样的人交往，久而久之，那种潜移默化的影响会让你不知不觉中成为像他那样成功的人。

人和人之间是有差别的，面对成功，每个人都有自己的秘诀和方法，关键是当你不熟悉这个秘诀的时候，你需要谦虚地找一个比自己成功的人，去跟随他的脚步寻找更加成功的方式，这样会让你取得事半功倍的效果。

找比自己更成功的人，你可以少走很多弯路，但找人是一门很高超的艺术，是基于对自己的认识和对别人了解的基础上。你要想找一个比自己成功的人，首先你要了解现在的自己处在一个什么阶段，清楚自己想要达到一个怎样的高度，找到在这个高度的成功人士，然后筛选适合自己的成功者去跟随。

找到一个比自己成功的人，很可能你的人生就此改变，甚至绕开致命的失败。没有找到这个人，你以后的道路可能会艰辛得多，不仅损失时间、精力，有可能还会消磨你的耐心和信心，这些失去的将无法追回，你一辈子的努力可能也赶不上别人几年的奋斗。

成功的秘笈就藏在那些成功人士的背后，所以你需要紧跟这些成功人士的步伐，这样才能在大千世界中找到适合自己的成功方式。

阮云曾经只是一家小公司的员工，那时候她的梦想就是有一天能拥有一家属于自己的公司，她的老板也是位女士，虽然事业上只是小有成就，但在当时的阮云看来已经算是成功人士了。

阮云一直把她当作那个时候的奋斗目标，用她的成功激励自己，她没事做的时候就跑去向老板请教一些问题。

老板是一个非常热心的女人，她也把阮云当作自己的朋友，知无不言，还经常带阮云参加业界的宴会。这让阮云学到了很多新的东西，同时也激励着自己不断地向上攀登。

在老板的熏陶下，她成立了一家属于自己的公司，也开始接触一些成功人士，她一直满足于现在所取得的成就，直到有一天她结识了一位比自己更成功的女性后，才意识到不能仅满足于现在的成就，自己还有很大的发展空间。所以，她开始重新确立自己的目标，并为之奋斗，很快她成了一个女企业家，在国内享有知名的地位。

每个人都有自己的技能，如果我们的技能过于单薄，我们完全可以通过借鉴的方法取得更大的成功，但前提是这个比自己成功的人从事跟自己相同或相近的工作，有相似的背景。

在你的朋友圈中，如果你是最成功的那一个，那你就不会更成功了。别怕与大人物打交道，再成功的人，他们的圈子中也会有一位比自己更成功的人。当你总是与更成功的人在一起时，你就容易学习到更多的成功法则和特质。

一个比自己成功的人，他的成功会成为你的动力，也会给你不断向前的压力，让你的人生更加优秀。

建立你的人际模型

人们在生产或是生活活动过程中所建立的一种社会关系模型就是人际模型。在这个以人为主的社会中，每天都避免不了与人打交道，人是社会动物，每个人都有其独特的个性，所以建立好的人际模型，是生活中一个重要的组成部分。

人际模型揭示了信息在具体情境和及时反馈中形成的过程，在平时的交谈中，谈话者会关注对方的反馈，并且会根据具体的情境选择得体的交流方式。

你在与别人交流的过程中，通过你的语言能向对方传达你现在的一种情绪，对方在接受你的情绪时，也会反馈一些跟这些情绪有关的现象。人际是一种双向的沟通，在这种人际模型中，你既是接收者，也是发出者。

我们从家庭走向社会，步入交际圈与人打交道，都会经历三个不同的层次：陌生人到陌生的朋友或是熟悉的陌生人，最后到真正的熟人。这三个层次组成的人际模型是我们衡量朋友的标准。

两个人接触都是从不认识的陌生人开始的，我们可以通过各种虚拟和现实的渠道，开始对对方有些了解，比如他的名字、年龄、籍贯、兴趣爱好等。然后会发生两种演变：熟悉的陌生人和陌生的朋友。比如我们在办公室里的同事或者工作中认识的朋友，虽然经常是抬头不见低头见，每天都会接触，但我们对对方的一些深层次的情况并不太了解，这就属于熟悉的陌生人。而另外一种情况是，我们通过互联网等虚拟渠道认识的网友，可能都不知道对方的真实姓名、年龄，而代之以虚拟的ID为身份。这类人就是陌生的朋友。

每一个人到一个新环境中，都要重新培养自己的人际关系，这自然离不开人际模型，因为这是我们结交新朋友的参考。

小李刚到公司上班的时候，面对一张张陌生的面孔，心里不自觉地紧张起来。但很快，他便与公司的人建立起了良好的关系。

到公司的第一天，他就在部门同事面前做了个详细的自我介绍，这样别人再见到自己的时候就能喊出自己的名字，名字是两个人相互熟识的第一步。

工作中遇到的难题，他就主动请教身边的同事，这样通过语言的不断交流，同事之间就会变得越来越没有距离。中午吃饭的时候，他和同事们坐在一起，谈天说地，使自己更快地融入这个大环境中。

就这样，一周下来，公司里几乎所有的人都能亲切地喊出小李的名字，他也感觉自己已经融入到工作中了，所以每天都过得很开心，很充实。不久，他就找到了很好的工作搭档，有了工作之余可以一起喝酒、聊天，共同探讨人生的好兄弟。

对于结交的每一个人都作不同的分类，这样才能不浪费自己的感情，让自己的交际之路更加清晰，对自己更有帮助。

深入培养人际关系

无论你干哪一行，或从事什么样的职业，拥有好的人际关系，你就在成功的路上找到了一条捷径。所以要深入培养人际关系，这是人生中很重要的一门学问。

无论你的目标是什么，选择了什么职业，如果你想在人生道路上取得成功，必须和别人处理好关系。

搞好人际关系其实并没有什么秘诀。虽然有些人天生就有这方面了不起的本领，但对于多数人来说，这种本领是可以通过后天的学习获得的。

如何深入培养人际关系？首先你应该了解别人，知道对方是一个怎样的人，有什么样的兴趣爱好，然后根据这些去深入发展与其的关系。在这个过程中最重要的一点就是要信任对方，真诚地对待他们，不要低估别人的能力，把他们当作你生命中的重要人物，主动发现他们身上一些美好的东西。

与别人交往的过程中，不要妄想从别人身上捞取小便宜，靠损害别人的利益来达到自己的目的，这样做貌似成功，但从长远的利益看，是害人害己。深入培养人际关系还不要忘记请别人提意见或请求给予帮助，因为每个人都希望有机会展示自己的专长，喜欢那种因自己的力量或是权威帮助别人而产生的感觉，这样会让他感觉自己的价值。

当然你还应该多为对方考虑，多站在他的立场上考虑问题，这样会使你们相互理解，以免产生不必要的矛盾。在交往中，要学会包容，每个人都是不同的，肯定存在一些差异，这些差异也许会引起矛盾，只有包容可以化解，只有包容才能让自己多注意到别人好的一面。这几点都是深入交际的关键，只要做到这几点，就能拥有一个良好的人际关系。

好的人际关系是需要付出的，你要学着帮助别人，在别人面临困难的时候，不要落井下石。在人生道路上，没有人可以一帆风顺，在别人需要帮助的时候主动伸手拉他一把，不求回报，这些雪中送炭的举动，会让他们在今后的生活中感激你的帮助。

落帆是职场精英，公司很器重她，因为公司的项目无论大小，只要她出马，就没有拿不下来的。

有一次，公司有个很让人头疼的合同，对方公司的老板是个怪人，软硬不吃，公司派了好几个人过去谈合作的事，都被他回绝了，而且没给出任何原因，但是总部那边要求必须拿下这个合同，这让经理很头疼。

就在公司派去的人“全军覆没”的时候，经理决定让落帆去谈，算是死马当活马医，因为那时落帆刚到公司不过一个月，是公司的新人。

落帆来到那家公司，并没有直接跟对方谈合作的事情，而是像一个多年未见的老朋友那样在一起聊聊天，双方的谈话一直处在一个轻松的氛围中，始终都未提合同的事情。

第二次见面是在他们公司附近的一家西餐厅，这次他们自然更像朋友之间的相处，在应约之前，落帆还特意看了上次谈话过程中对方推荐的一本职场方面的书，以便这次见面有更多的话题。点菜的时候，她还特意点了对方喜欢吃的东西，这让对方很吃惊。其实在第一次的交流中，落帆就从聊天中了解了他的喜好并且记了下来。

吃完饭，对方说：“把合同书给我，是时候签字了。”

落帆笑着从包里取出合同书递到他面前。

落帆回到公司的时候经理对她说：“是你的真诚打动了别人。”

其实，所有的人都懂得处理好人际关系的重要性，但尽管如此，大多数人并不知道怎样才能处理好人际关系，甚至相当多的人错误地认为拍马屁、讲奉承话、请客送礼才能处理好人际关系。其实，处理人际关系的诀窍在于你后期的培养。

影响你周围的人

我们都知道，当你看到周围有人打呵欠的时候，你就会像受了传染一样，也会打呵欠，这就是影响力。生活中，你会默默地影响着别人，也会在不知不觉中受到别人的影响。每一个人都会想着让自己的积极情绪影响周围的人。

以前经常听到这么一句话，两个人在一起的时间久了，就会变得越来越像。因为每个人的生活习惯和心情等都会感染身边的人，并且每一个人都希望周围的人在自己的影响下变得更好。

当你对生活充满激情的时候，你会把你的激情通过你的语言或是行为向周围的人表现出来，这时候周围的人在感受到你传达的正能量时，也会变得和你一样，对生活充满激情。如果你对一个人笑，他肯定也会对你回以微笑，然后自己的心情变得明朗起来。相反，当你哭丧着脸对待别人，别人肯定会觉得心里不是滋味。

之前听到有人说过这么一句话，一个成功的人周围都是些成功的人，一个失败者的身边随处可见比他更失败的人。所以，若想对别人的生活产生积极的影响，首先应该让你自己具有积极的心态。

欣欣是一个既腼腆又温柔的女孩，她说话的语气永远是那么温暖动人。

她在朋友的帮助下找到了一份销售的工作，客户都很喜欢她，都很愿意跟她交流，觉得她说话的声音非常的悦耳动听。

但是，她却是整个小组中，业绩最少的那一个。为此她很是不解。

“为什么客户都喜欢我，但就是不下订单呢？”有一天，她问自己的组长。

“虽然客户都喜欢听你的声音，但是，你在介绍产品时，底气不足，没有自信。”组长回答，同时还建议她，跟组里那个业绩突出的人在一起多交流，让别人的自信影响自己。

欣欣从此不论是工作还是生活中都主动和那些非常自信的人在一起，时间一久，她慢慢地也变得非常有自信了。在与客户交流时，总能在介绍自己产品的时候，语气中不自觉地散发着一种强烈的征服感。

与此同时，她发现原来那个讲话一直态度不大好，总爱跟客户发生争执的同事，也因为长期与自己一起吃饭、一起聊天，语气变得越来越温柔，他们整个小组的业绩也一直在公司中名列前茅。

其实，人与人之间是存在一种无形的影响力的，你的语言或是动作都在经意或者不经意间影响着身边的每一个人。

培养自己积极乐观的心态，用快乐的心投入工作，这样，每当遇到困难时，你都能乐观对待，从容解决。当别人被你这种积极心态感染的时候，就会主动向你学习，努力让自己也具备这一特征。久而久之，身边的大多数人都能积极地面对生活。

人的行为和思想会影响身边的人，这就是为什么我们跟一些人在一起时会感觉精神舒畅，浑身充满活力，而跟另一些人在一起时会特别的压抑，这就是一种影响力。因为影响是相互的，所以，我们也要想办法把自己的积极心态带给身边每一个人。

生活中，你一定看到过这种现象，本来教室里很安静，可一旦有人说话，不一会儿教室就像炸开了锅，这是一种负面的影响。还有一种现象，当别人跟你讲话的时候，看到你正在认真做事，他们便不会再去打扰你，而会选择和你一样认真工作。

10 必须清楚的成功心理学

冠军是一种状态

这个世界上有人成功，有人失败，有人夺冠，当然也有人一名不文。冠军，是人人都向往的，但是冠军只有一个，大多数人注定与冠军无缘。

其实，冠军只是一种状态，它不代表名利，跟奖杯无关，只是一种生活的状态。

拥有乐观的精神，热爱并追求美好的生活，努力在自己喜欢的领域做到最好，时刻保持积极的心态对待生活中的一切事物，这就是一种冠军的状态。

也许，你一直认为冠军就是“第一”的代名词，不论是通过你死我活拼杀得到的，还是通过其他的途径。第一是冠军，我想这肯定是错不了的。然而反过来说就不对了。冠军真的是一种状态，即便你没有得第一，但是当你全力付出了，当你每天以冠军的这种状态来对待生活、对待生命时，你就是冠军，是自己的冠军，不是吗？

人生中，状态的好坏决定一个人的成败，如果每天都保持一种冠军的状态生活，那么生活便会变得时刻充满自信，充满希望，自己也变得快乐，更有生活的激情。

人生中，有很多事情都是无法预料的，得冠与否也不是最重要的，重要的是生活的状态。

林丹，中国羽毛球界的“球王”，曾多次在比赛中取得冠军的头衔。

在2010年广州亚运会上，林丹夺得了羽毛球男单金牌，从而成就了个人的“全满贯”。广州亚运会之后，林丹说自己最大的变化便是“心态逐渐变得淡定、平和”，“原来备战每一项比赛都会有很大的压力，现在好多了，因为我已经证明自己能够达到一种什么样的高度。”“职业运动员都喜欢争强好胜，我当然也是这样。”尽管心态变得平和，但林丹对胜利、对冠军的渴望一点都没有消退，“我只是变得能够接受任何结果了。比如说拿了一项冠军，我当然会很开心，但如果自己没有打好比赛或者对手的发挥就是比我强，我也同样能够坦然面对。原来可不是这样的，那时候输了场比赛连续几天都会不开心、调整不过来，其实这种情绪要比失利本身更可怕。”

林丹之所以比别人成功，是因为他并不计较夺冠与否，只要保持一个好的状态，就能无愧于自己的良心，只要保持这种状态生活，每一天都是冠军。

怎样培养自己的冠军状态？首先要对自己有个肯定，相信自己的实力；其次就是努力充实自己，让自己变得更有能力胜任自己的工作；再次是保持一颗积极向上的心，勇敢面对生活中的每一个困难和挫折；最后就是尽自己最大的努力做好身边的每一件事情，坚持做对社会有益、对自己有用的事情。

其实并不是只有拿到金牌，才是真正的冠军，有时候，那些尽力做好每一件事情的人，也是冠军。

冠军是一种状态，传递着做自己的冠军这种精神。每一个人都有自己最好的一面，在比赛中，关键就是要把自己最好的一面完全发挥出来，把自己的状态展现在人们面前；在生活中，就是尽自己最大的努力做好每一件事，不让未来留有遗憾。

立刻改变状态：SAY YES

有些人在面临新鲜事物的时候，往往表现得比较胆怯，因为自己没把握，怕失败。这是没有自信的一种表现，如果人生处在对任何事物都否定的状态，那么人生注定会一团糟。所以，从现在起，改变状态：SAY YES！

其实，如果你的内心足够强大、勇敢，那么即使再困难，你也能找到克服的方法。消极的状态会把你的人生带入谷底，当你仰望天空的时候，你会抱怨命运的不公，把一切责任都推脱到上帝身上，不会尝试着去改变，以为这只是徒劳。

如果你对任何事都觉得自己有能力做好，那么，你成功的希望就会变大，哪怕失败，你也不会否认自己的能力，尽力做好每一件事情，积极地应对生活中的磨难，想方设法排除一切障碍，努力让自己变得更强大。这样的人，因为有自信，所以敢于对任何事说“YES”，并且相信自己会做得很好。

说一个小故事吧。

有一个女生，她之前在给一家公司做口语翻译的时候，遭到老板的责骂，说她说的是一口流利的不知所云的外语。这句话让她很受打击，她觉得自己也许真的不适合做翻译，虽然她是一名法语专业的高才生。

从那次之后，她便放弃了法语，觉得自己一辈子都不可能把法语说到最好。

有一次一个朋友跟她说，有一个老外到中国来，问她愿不愿意给那个老外做几天翻译。

她刚听到这个消息的时候，觉得是个讽刺，觉得朋友纯粹是想看她的笑话，她当时本想一口回绝，但转念一想，自己怎么说也是法语专业的，如果这点小事都做不好，那么大学不是白念了吗？于是她接受了这份工作，并开始努力地练习自己的发音。

那个老外是法国一个房地产代理公司的老大，他在法国卖别墅和城堡，他的客户都是社会名流，像俄罗斯石油大亨和小贝夫妇都曾是他的客户。闻听中国经济发展很快，他就想来看看，需要找个翻译陪一下。

于是，在完成这一次翻译工作之后，她就成了法国人在中国的代理，主要工作是参加一些活动，然后电话、邮件联络国内对法国地产感兴趣的人。去年，她陪客户去了两次法国，成交了一套位于尼斯的别墅。

其实人有时候应该多给自己一些机会去尝试，这样才知道自己的能力，才能从中积累经验，才能从中找到自己成功的机会。

相信自己，敢于接受新生事物，勇敢面对挑战，这才是一个积极的生活状态。

当你遇到困难，一蹶不振的时候，身边的朋友会劝你，帮你调整状态。可见，状态对人生的确有着举足轻重的作用，好的状态会引导事情往更好的方向发展，消极的状态可能会导致不战而败。

人生之路遥远而迷茫，前方是未知的，只有不断地探索尝试，踏出第一步，我们才有成功的机会；只有勇于尝试，坚持不懈，才能有成功的一天。在人生的道路上，如果我们连尝试的勇气都没有，那么我们的人生就会像一杯平淡无味的白开水，少了生命中不同尝试带来的不同结果所给予的缤纷绚丽的色彩。这样的你，又怎能体味到生命的精彩呢？

从现在起，改变你的状态，对生活中的困难和新事物勇敢地说“YES”，只有这样才能不断突破自己，走向成功。

把思想聚焦在想要的上面

有些人成功，是因为知道自己想要什么，然后结合自己的能力，把所有的精力都集中到这件想要的事情上，而后不断奋斗，直到真正取得成功。只有把思想聚焦到想要的事情上面，才能不被其他的事情扰乱心智，才能更专注地走向成功。

我们的大脑是一个很奇怪的东西，它有固定的容积，装得下牛奶就装不下饮料，装得下成功就装不下失败。我们的大脑很小，不要妄想同时把很多事情抛给它，这样你会一事无成，只有把它装满你想要的事情，才能激励自己的行为，因为想要，所以会得到。

世间万物都有正反两面，就像一枚硬币，关键看我们关注哪一面，如果把关注点放在正面，我们就习惯于朝正面的方向去思考问题；如果把关注的焦点放在事物的反面，我们就会习惯于凡事往负面的方向去考虑。总之，我们的思想取决于我们关注事物的方向，所以，把思想聚焦到我们想要的上面，就会全身心地投入，直到成功。

我们常说，无论做什么事情都要一心一意，三心二意只会失败。小学的时候老师就旁敲侧击地为我们灌输这种思想，例如小猫钓鱼的故事中的两位主角。小猫因为做事三心二意，所以一条鱼都没有钓到，而猫妈妈坐在河边一心一意的钓鱼，所以最后满载而归。

小张是一名实习销售员。有一天，店里来了位老太太，这位老太太是店里的常客，但是每个人都觉得她的生意比较难做，所以没人愿意接待她。店长对小张说："小张，你快去接待这位太太，她是个好买主，她经常到我们店里买东西，但是她态度不是很好，无论她对你说什么，你都不要介意，只要对她说'是的，您说得对，我明白了，我帮您把想要的东西下单吧？'"

小张听完店长的介绍后，很有信心。他面带微笑，上前接待了这位老太太，在前5分钟内，他没机会和老太太说一句话，因为老太太一直在讲些无关紧要的事情，比如邻居家的猫生了两只好可爱的小猫咪，丈夫最近又懒又好吃。小张很耐心地听着老太太的叙述，只是不停地回答："是的，您说得对，我明白了。"

大约半小时后，小张对老太太说："我帮您把想要的东西下单吧？"然后，小张开出了该店有史以来最大的单，很快过了实习期，成为公司一名正式的员工。

当小张送走老太太后，他立刻向店长汇报："店长，您说的没错，她的确是位好买主，我用您教的方法让她买下了我们店有史以来最大的单。"

店长满脸惊讶地说："什么？她是我们的客户中最难缠的一个，也是最让人讨厌的一个。我们店开业几年以来，她一件东西都没在我们店买过，虽然经常会到店里来逛，但是非常的挑剔，所以没人愿意接待她。"

从这个案例中可以看出，老太太确实是位非常难缠的客户，但不接待她是不可能的，所以店长会撒谎，把小张的注意力都转移到老太太会下单上来，所以小张才会对客户充满信心，耐心倾听，并给予肯定，最终成单。

把思想聚焦在我们想要的事情上面，而不是同时放在其他的事情上，这样有利于我们集中精力把所有美好的、光明的能量放大，把情绪转换为正面的动机和力量。

我们关注什么，内心就会聚焦什么，如果我们把所有的思想都放在我们想要的事情上，那么我们的精力和能力就会放大，然后很容易在这件事上取得别人意想不到的成功。

一件事情有什么意义？意义有多重？完全取决于我们的思想，如果把思想全都放到这件事情上，那么这件事情对我们来说就只能成功。我们能做的就是想方设法，动用一切可以利用的正面资源让自己成功。

聚焦正确，人生要控制

那些犯罪的人，因为把思想放在了一个错误的领域，因为没有控制自己邪恶的思想和行为，所以为自己抹上一个永远都无法擦去的污点，所以面临法律的制裁。因此，每个人都要学会控制自己，专注于那些好的事情。

人们生活在复杂的社会环境中，所经历的事情瞬息万变，总会遇到许多大小各异的矛盾、挫折和冲突，给人带来烦恼与困扰。这时就必须充分发挥个体的主观能动性，通过自我调节和控制，提高心理健康水平，才能掌握与各种致病因素作斗争的主动权。因此，我们必须让自己的聚焦正确，然后才能更好地控制自己朝着正确的方向努力。

强者，就是把自己放在正确的位置，懂得控制自己的人。你想要自由，就要学会控制自己的欲望，不要让欲望左右你的行为。人的一生，无时无刻不在控制自己和释放自己的过程中抉择和周旋。只有我们聚焦正确，能控制自己，才能在人生的道路上不至于跌进泥潭，迷失自己。

控制自己的惰性，释放勤奋，你成功的路途就会因此而缩短；控制自己的欲望，释放美德，你会因此而减少很多的烦恼和抱怨；控制自己的不良思想，释放文明，你就能逐渐成为一个有修养的人。人生需要控制，控制自己的思想、欲望和行为，把一切聚焦到正确的事情上去，这样不仅更容易成功，也会省去不必要的麻烦。

张挺是一家互联网公司的营销经理，最近因为买房的事情总和爱人吵架，导致他每天都带着糟糕的心情上班，和领导说话有气无力，和下属说话火冒三丈，大家都对他避而远之。

中午，下属小刚敲开了张挺的办公室的门，报告说自己手上有一个大客户到了最后签单环节突然生变，需要张挺出面解决。张挺一听立刻就火了，大声责骂小刚是怎么办事的！

他从小刚那里要来了客户的电话，立刻拨了过去。谁知他刚做完自我介绍，客户就一口拒绝了他，完全不给他任何交流的机会。张挺十分生气，就冲客户嚷了起来：“你以为你是谁啊！我们不做这笔生意也没什么大不了！”说完就痛快地挂断了电话，一旁的小刚看得目瞪口呆。

半小时后，张挺被老板叫了过去。老板黑着脸把“辞退通知书”递给了他。原来，那个客户给老板打电话告了张挺一状，添油加醋地把小刚之前犯下的错误全部归咎到了张挺头上，最后还重点抱怨了张挺的态度问题。

张挺因为一时没有控制好自己的情绪，就这样亲手终断了自己的职业生涯。

你必须时刻保持冷静的状态，学会掌控自己的情绪，才能把思想都集中在你想要的事情上面，才能控制自己的行为，不至于驶离人生的轨道，走到一条错误的道路上去。

美国作家约翰·米尔顿曾说：“如果一个人能控制自己的激情、欲望和恐惧，那他就是人生的国王。”米尔顿的这句话的确很有道理，不过首先应该选择一条正确的路，然后控制自己走向终点。

一个人想获得成功，必须先找到一个正确的聚焦点，然后学会控制自己一切与成功无关的欲望和行为，这样就能在人生道路上获得成功。

成功者做失败者不做的事

成功者之所以能下定决心是因为他十分清楚自己的价值层级和信念，甚至事情的轻重缓急，然后通过不懈努力让自己成功；而失败者则是拼命找借口推脱，觉得自己不行，这件事情根本不适合自己，所以轻而易举地放弃。可见，成功者之所以成功是因为他不做失败者做的事。

我们每天都会目睹一些人的成功，一些人的失败，失败者做的事，成功者总是选择避开。当一个失败的人抱怨生活的不如意，每天哭丧着脸面对别人的时候，成功者则是努力去改变那些不如意的状况，每天都充满激情地面对每一个人，从别人身上提取成功的元素来鼓励自己。

凡是成功的人，做人做事都有很强的目的性，目标十分明确坚定。

做事目的性不强的人必然浪费时间，而时间是成功者所拥有的最大财富之一，时间和精力对于成功者来说，都是浪费不起的。所以鲁迅说，浪费别人时间无异于谋财害命。而那些失败者做什么事情都没有明确的目的，从来不去合理规划自己的人生，对什么事只是想想，而不去行动，即使行动，一旦遇到困难，便立即退缩。

失败的人总喜欢找借口、找理由推托一些自己没把握做好的事情，而成功的人，会找方法，向有经验的人请教，从而取得成功。

静静和果果是同一个公司的同事，她们从小就是好朋友。

生活中，静静一旦做错了事，总是找各种借口推脱责任，有时候甚至不惜牺牲一些无辜的人，若遇到一点困难就会放弃，不会过多地坚持；而果果一旦做错了事，就会主动承认，并且写入日记，告诫自己类似的错误决不能再发生，对于已经决定的事情，会义无反顾地去做，不管遇到多大的困难，都只会想办法去克服，从不会逃避。

她们一起走上工作岗位，静静把工作当成一种糊口的工具，每天按时上下班，不求有功，但求无过。遇到不顺心的事，或是感觉劳累就跳槽，一直都没能找到一份可心的工作。而果果则把工作当成一种实现人生价值的方式，她首先根据自己的情况制定了一个人生规划，工作中遇到困难，主动向前辈请教，把那些成功的人当成自己的榜样，每天都充满激情的工作，很快便在业界占据了一席之地。

失败者总喜欢怨天尤人，从不在自己身上找原因，也认识不到自己的不足，甚至会掩盖这些不足；而成功的人能正确地认识自己，及时改正自己的错误，弥补自己的不足，努力让自己变得更强大。

失败者做事喜欢找理由，成功者则是寻找方法，这就是他们的区别，由此可见，成功者之所以成功，是因为他们做失败者不做的事。

小事情就是一切

很多人认为小事情不重要，我以前也是这个样子。随着经历的丰富，才开始慢慢认识到小事情就是一切。

大事也是由小事累积起来的，要重视每一件事情的细节。很多时候，失败都是因为错在小事，小事是最不被重视的，最容易让人忽视的，所以才会有那么多人失败。

人生是由许多的小事积累起来的，有句话说：“能把简单的事情做好就是不简单，把平凡的事情做好就是不平凡。”现在推敲这句话的含义，才知道生活中那些简单到不起眼的小事，最容易被忽视的平凡，才是决定我们成功的关键。

要发扬兢兢业业、细致入微的敬业精神，不好高骛远，把现在正在做的每件小事当成大事来对待。长此以往，就会养成一种踏实、谨慎的工作作风，培养出严谨的工作态度，就会受益终身。

有些人不在乎生活中那些鸡毛蒜皮的小事，总觉得自己是个做大事的人，对待工作也是如此。就像一个名牌大学毕业的学生，毕业初期，往往面临失业的风险，因为他们刚刚踏入这个社会，还保留着那份清高，总以为自己有优于别人的学历和能力，所以拒绝从基层做起。

现在不乏这样的年轻人，他们怀揣着一个远大的梦想，藐视生活中的小事，待在原地，等待着大事伺机而动，蹉跎了岁月，也让自己空有一身本领而一事无成。

我曾在一本杂志上看到过这样一个故事：

一个英国青年和一个犹太青年一同去找工作。他们怀着成功的期望，寻找适合自己发展的机会。有一天，当他们走在大街上时，同时看到有一枚硬币躺在地上。英国青年没看第二眼，就直接从硬币上面走了过去。犹太青年却激动地将它捡了起来。

看到犹太青年的举动，英国青年的脸上露出了鄙夷之色：一枚硬币也捡，真没出息！他没理犹太青年，自顾自地往前走了。

犹太青年望着前面的英国青年，心中不免有些感慨：让钱白白从身边溜走，真没出息！

后来，两个人同时进了一家公司。公司很小，工作很累，工资也低。干了没几天，英国青年不屑一顾地走了，而犹太青年却高兴地留了下来。

两年后，两人又在街上相遇了。这时的犹太青年已成了老板，而英国青年仍在寻找工作。

英国青年对此不解地问道："你这么没出息的人怎么能这么快就发了财呢?"

犹太青年说："因为我不会像你那样绅士般地从一枚硬币上边走过去，我会珍惜每一分钱。而你连一枚硬币都不要，怎么会发财呢?"

英国青年并非不在乎钱，但他要的是大钱，而不是小钱，所以他的钱总是在明天。不懂得金钱的积累是从每一枚硬币开始的人，是发不了财的。成功致富的人绝对不会因为钱少而弃之，他们知道任何一种成功都是从一点一滴积累起来的。

一个人要想成功就应该抛弃只看大事忽略小事的心理，就必须具备"从大处着眼，从小处着手"、"把大事做小，把小事做细"的态度。一个人有理想，有干大事的雄心壮志，这是必须的。但我们还必须从小事做起，把小事做细。这并不是让你为了做小而做小，而是说小事中往往蕴藏着成功的机会。

如果一个人在任何时候、任何地方、任何职位上都能够出色地完成各种细小的工作，上司一定会把更具挑战性的任务交给他。因为通过各种细小工作的锻炼，老板已经全面观察到了他的真实才能，所以才会放心把大事交给他处理。

第五章 未来，我该做什么

——拒绝空想，行动才有力量

镜像人生：《叫我第一名》

科恩说："小孩子看世界的眼光和大人不一样，他们往往会说'我该做什么？'而不是'我不能做什么？'，我就是这么做的。"

因为他是妥瑞氏症患者，他会不自觉地肢体抽搐和发出怪声，他在上学的时候经常会遭到别人的另眼相待，但梅恩校长改变了科恩，所以，他立志要成为一名教师。

一次次的打击，一次次的失败，他又一次次地站了起来，接着朝向自己的梦想前进，只为有一天能实现自己当老师的梦想。

多次面试都因为他的疾病而被校方以各种理由拒之门外，直到他来到景山小学，他顺利地被聘用，开始了自己的教师生涯。

从教期间，科恩和同学们友好相处，不断地努力工作，不让妥瑞氏症成为他的阻碍，最终得到了大家的认可。

于是，有了后来的"最佳教师奖"。

面对梦想，有的人觉得很遥远，那是因为他没有行动，而有的人觉得梦想就在眼前，那是因为他正在为梦想努力奋斗。

千万不要让空想成为你梦想失败的罪魁祸首，为你的梦想画一个清晰的路线图，拒绝空想，行动起来。

第一名永远属于为了梦想勇敢拼搏的人，属于那些成功的人。

11　绕开目标无法实现的误区

目标没有被足够详细地定义

一个人要想自己的人生有意义，就必须给自己树立一个远大的理想，当然如果你还没想好要怎么做，会认为自己的目标定得很大、很空，完成目标会很困难，甚至会放弃。这是因为你掉进了目标无法实现的误区，就是你的目标没有被详细定义。

你想得到什么？这是你的终极目标，是最终想实现的梦想。但人生只有终极目标是不够的，因为这样的目标没有具体的实现步骤，在追梦的过程中你会变得不知所措，所以把大目标细分成许多小目标是非常有必要的，然后再将小目标一一完成。这个方法会让你克服追梦过程中的那种畏惧心理，让目标有计划地完成。

怎样才能让目标变得更详细？首先应该把大目标依靠逻辑推理分解成几个小目标，再把这几个小目标分解成更小的目标。毕竟小目标实现起来比较容易，也能增加自信，因为看到自己一步步地接近梦想，这种成就感会让你觉得很惬意，对未来充满希望，每天都有动力朝下一个小目标迈进，然后一步步地走向成功。

陈翔想开一家属于自己的公司，大学毕业后，他向父亲说明自己的想法，并希望能得到父亲的帮助。

“你想开一家什么样的公司?”父亲问他。

“装修方面的。”他回答。前不久他在网上看到别人说，装修这个行业很有前景，所以想开一家装修方面的公司。

父亲当时并没有说话，过了一会儿，父亲说：“过一段时间再说吧!”

两个月后，他又跟父亲提起公司的事情。

“爸爸，我真的很想拥有一家属于自己的公司，现在的工作让我太烦闷了，工作辛苦不说，还得挨老板的骂。”陈翔向父亲抱怨说。

“那你想开一家什么样的公司?”父亲仍然这样问他。

“开一家装修方面的。”陈翔耐心地回答。

“你首先应该做什么?”父亲问。

陈翔这次没有回答。

“即使我把钱给你，你依然不知所措，因为你根本没有详细定义过自己的目标，对目标也没有具体的实施步骤，这样是不行的。”父亲说。

这时候陈翔在心里盘算着：“的确，自己一心只想开公司，但是应该怎样为这家公司准备，自己却毫无头绪。”

“世界上创业的人并不少，但为什么会有那么多的人面临失败?就是因为那些失败的人没有详细定义自己的目标，大的目标形成是需要众多小目标的积累才能完成的，这也是实现目标的步骤。”父亲继续说。

“我明白了。”陈翔听完父亲的话点了点头。

半年之后，当他拿着一本策划案走向父亲的时候，父亲递给他一张银行卡。

目标是需要分解的，一个人制定目标的时候光有终极目标是不够的，还要有具体明确的细小目标，比如在什么时间取得什么样的成就。

当目标被清晰地分解成若干个详细的小目标后，它的激励作用就会充分表现出来，当我们想达到一个目标的时候，我们就及时地得到了一个正面的激励，这对于培养我们挑战目标的信心作用是巨大的！

确定你的目标，并把它清楚地表达出来，再把整体目标划分成一个个详细又易记的小目标，然后一点点地实现。可为自己的人生制定一个详细具体的中短期目标，因为中短期目标不仅易于实现，对以后也会起到很大的激励作用。

制定目标的时候要结合自身的状况，明确目标需要什么样的技能才能完成，然后就可以相应地补充。给自己一个时间上的约束，比如什么时间完成第一个小目标，要达到怎样的效果，实现这些目标需要具备什么条件，怎样获得这些条件，这些都是在制定目标时应该考虑的，只有这样才能让目标更加详细。

只有目标，而没有足够详细的定义，最终很可能会变成纸上谈兵的一种幻想。

制定目标应具体到个人成绩、生活质量、个人能力、人际关系、财务等诸多方面。这样，就可以使得你现在的每一个围绕目标的工作都变得有意义，也会使你的工作更加有动力。

目标越详细越好，比如每天的工作安排，什么时间做什么事，每天要达到什么效果，有多少成就，这些都会使目标变得详细且具体可行。

只是一个目标，而没有相应的行动

我们常说的一句话就是“心动不如行动。”只有行动才能获得自己想要的东西，如果，只有一个目标，而没有相应的行动，只会让目标像是海市蜃楼一样没有任何的意义。

只有把想法付诸行动，才能最大限度地达到我们的目标，只有目标而不去行动，就像是白日做梦，梦想需要行动的支持才能发挥它的意义。

光有目标并不能使我们不断朝前迈进，还要有行动计划的配合才行。目标的树立使我们明确方向，而行动计划则告诉我们该做什么，怎么做才能到达我们想要去的地方。行动计划将确定我们追求目标时所要投入的劳动。

当你为自己确定一个目标之后，你就应该结合自己的情况立即行动起来，因为有目标就有动力，有动力就该付诸行动。比如你想成为公司里的销售精英，那你就需要不断努力，不断向比自己优秀的人请教，才能达到；如果你想成为公司中的管理者，那么你就应该从现在起做好你手头的工作，争取把每一项任务都完成得很出色。今天的计划必须今天完成，明天的计划尽量今天做，因为，时间对每个人都是公平的，只有目标而不去行动，就是在浪费生命。

相信很多人都有一个这样的童年，每当期末考试成绩不理想，挨父母批评的时候，总是会对父母说："下学期我一定好好学习，争取取得更大的进步。"这就是给自己定下的目标，父母听着孩子的决心，心里总算有些安慰，可是结果呢，刚说完这句话，转身便去和邻居家的小朋友一起出去玩了，早已把定下的目标抛到了脑后。

这样的孩子在长大后依然每天碌碌无为，父母很为他们揪心，觉得自己的子女空有一身本领，却没任何成功的迹象。为了让父母安心，他们往往会说："你放心，五年后，我一定会让人刮目相看。"这也是他们的目标，可是接下来的时间里，他们没做过一件跟目标有关的事情，仍然满足于每天宅在家里看看报纸、上上网的生活，最终仍然一事无成。

人的一生，总是有目标的，只是有时候缺乏行动起来的勇气，怕自己做不好所以就选择不开始，只有一个目标，这样的人生注定是失败的。

目标离不开行动，只有行动才能把目标完美地呈现在你的面前。所以，从现在起，你要学会提取目标中的动力，并把这种动力化作行动。

每个人都希望自己是别人眼中的成功者，只是有时候内心太过怯懦，太害怕失败，所以不敢尝试，才会让惧怕束缚了行动，让目标变成悬挂在空中的一颗明亮的星星，只能远远地遥望，却永远无法触摸。

从现在起，放下你手中的游戏，推开你心中的恐惧，勇敢迈出脚步，行动起来，你要相信未来很美好，不管遇到什么困难，都要坚持下去，直到看到成功的曙光，否则，你没有权利停下脚步。未来是需要一步步地走出来的，不是想出来的，所以不要让自己空有一身抱负，却因为没有行动而被生活抛弃。

一百个创意都不如一个有效的行动，当你决定要成为什么样的人，想拥有什么样的生活时，你就拥有了人生的方向，然后只须朝着那个方向努力。

12 写下你的人生目标清单

通往快乐和成功的捷径

人的一生就是一个不断奋斗的过程，若人生没有奋斗目标，不管干什么事，时间久了就会不思进取，产生厌倦感。

人生要有远大的理想，这样的人生才有意义，可是如果目标太高的话，往往让人产生一种遥不可及的感觉。就像登山一样，人不可能一步就到达山顶，用沿途看到的风景带来的惊喜来分解漫长的登山路程，这样就可以不断地感受登山带来的成就和快乐，在这种快乐与成就中不断地接近山顶。人生目标的实现也是如此，需要把远大的目标划分成一个个小的奋斗目标，这就是通往快乐和成功的捷径。

小目标是实现大目标的必经之路，小目标很容易实现，在其中体验到的成功的快乐就会成为你实现下一个目标的动力。所以，你应该把人生奋斗的最终目标划分为若干个小目标，当你完成一个小目标后就再制定一个切实可行的新目标去奋斗，在不断实现小目标的同时体验成功的快乐，享受成功的幸福。这样会有助于你信心的培养，同时也会把你追求目标过程中产生的疲惫踢出你的生活。

有位青年，他每天都面带笑容地对待每一个人，他做事果断又有条理，从没有人见到过他慌乱的样子，他无论做什么事情都很有自信。

他每天上班的时候都会在电脑上贴上一张便签，上面写的是他每天要达到的目标，一旦这个目标完成，他就把这张便签撕下来，放到一个专门的小盒子里，然后再把另一张便签贴上去，如此重复着。当他把便签撕下来的时候，他就觉得自己离成功近了一步，所以，他每天都过得很快乐，也很自信。

慢慢地，当他盒子里的便签越来越多的时候，他被公司提升为部门经理。但他没有因此感到骄傲，仍然每天重复着撕便签、贴便签的工作，只是换了便签纸的颜色。

又过了一段时间，他又被公司提升为执行总裁，成为公司最年轻的一位高层，深得总公司的器重，但他仍一直保留着之前的习惯。有些人猜测他是因为总公司那边有人，所以事业才会如此的一帆风顺。

有段时间，公司的发展处于低潮期，每一个员工都显得疲惫不堪，所以，他决定把自己的成功秘诀告诉自己的员工。

他拿出装满便签的盒子放在桌上，当时很多人好奇里面装的是什么，他拍拍盒子说："这里面装的就是我成功的秘诀。"说完，他把盒子打开，把里面的便签小心地倒在桌子上。

"每一张纸上写的就是我每天的目标，当我完成它们的时候，就把它们撕下来，然后把新的目标贴上去。也许今天你们觉得我的成就遥不可及，但我就是这么一步步走过来的，这些小目标实现一点都不难，正是这些小目标的堆积才成就我今天的地位。"他说。

这个事例告诉我们，要学会把大的难以实现的目标分解成若干个小的目标，这些小目标是我们可以完成的。凡事都需要从小事做起，一点点地积累，这样就能取得更大的成功，而且让自己在追求目标的过程中充满自信和快乐。

现在很多人都觉得生活不容易，压力山大，感觉很疲惫。所以，你更应该学会把大目标分解成许多的小目标，然后按照计划一步步地去完成。

写下你预见的每一个目标

大多数人对写下自己目标的做法不屑一顾。他们认为，写下目标和不写下目标没有什么差别，目标就在脑子里，何必写下来呢？

因为白纸黑字具有非凡的力量，人们习惯于用视觉的力量来影响头脑和思想。实际上，这是一种和未来签订的契约。当黑色的字体在白纸上立足的那一刻，就开始影响你的思想，你就有积极采取行动去实现你的计划的冲动。如果你认识到这一点，并开始这样做时，你会发现把预见的未来写下来会对你产生很大的意义。有些目标没有实现的原因，就是因为它们的主人只是把它们保存在大脑皮层里，然后没过多久就忘记了。

从现在起，把你的大目标按照逻辑分解成若干个小目标，然后把它们写下来，这样你就能清楚地看到它们，并为每一个目标设定一个期限，这样做，就能让你追求目标的过程变得清晰。当一个目标完成后，你可以在后面做上标记，然后朝下个目标去努力。这样你能清楚地知道自己在做什么，处在人生中的哪个阶段。

在一次培训课上，我给每一位学员发了一张白纸，让他们在上面写下自己的目标。其中一位女学员的目标就是将来嫁给一个能给她充足物质享受的富翁。我告诉她，把你对理想中的那个男人的要求写下来，于是她把那个男人的身高、体重、兴趣爱好、家庭背景、事业等全部写下来。

我说："接下来再写下关于你自己的目标，你应该怎样做才能让他发现你。”

于是，她又把如何一步步完善自己的目标写下来，直到满张纸上都是她的字迹。

之后的时间，这位女学员就按照写的目标开始完善自己，她每完成一个目标就在后面做个标记，然后开始下一个目标。就这样，一年以后，她在一个 Party 上遇到一个很帅的男人，而且这个男人与自己当初写下的要求完全吻合，自己刚好也符合这个男人的要求，两人经过一场相亲相爱的热恋后，准备结婚。

这个故事告诉我们，目标只有写下来才能时刻提醒自己它们的存在，才会督促自己尽快去完成。

在你成功之前，应该从家庭、财产、事业、感情、人际等方面写下你的目标，并且把每个目标都进行长、中、短期的划分，这样是对自己的未来负责。把它们一个个认真地按照顺序写下来，然后照着一一去完成，这样你会看到自己一步步地接近成功，会让你对自己更有信心，同时对未来也会充满希望。

为什么要写下每个目标？因为当把它们写下来，清晰地呈现在你眼前的时候，你才能知道应该怎样实现，这个目标是否适合自己，并从中发现自身适合这个目标的优势，然后有明确方向去完成。

马克汉森说过：“小心写下你的目标，因为它一不小心马上就可能实现。”

所以说，目标一定要写下来，因为只有写下来的目标才会产生神奇的力量。

向不靠谱的理想说“NO”

人的一生肯定会有很多大大小小的理想，但不是每个理想都适合我们去完成，应该把那些不靠谱的理想剔除，不要让它们再占据你的思维空间，否则反而会影响你的心情，所以你应该懂得取舍，学着向不靠谱的理想说“NO”。

每个人在年少的时候都会有几个不靠谱的理想，所以才会有时候感到迷茫和彷徨。一个理想会决定一种不同的生活方式，那些不靠谱的理想会影响你的生活，把你带到一个未知的路途，当你发现自己迷路了，不仅浪费了时间，也让自己变得不自信，因为那些不靠谱的理想一般来说是不容易实现的。

理想离不开现实，脱离实际的目标就会演变成不靠谱的理想。如何判断哪些是不靠谱的理想呢？比如你想将来成为一个神仙，或是成为一名武林高手等，这些事都是现实社会中不会发生的，是一种虚构的现象，这样的理想是一辈子都不能实现的，这些就是不靠谱的理想。

每个人的生活中都会有脱离实际的理想，所以，你需要做的就是根据自己的能力，根据当前的局势去衡量你的理想是否具有实现的价值，是否能给你的生活带来积极的影响，否则，这样的理想是应该抛弃的。

前段时间在电视上看到一个这样的报道：

一个十五岁的初二女生半夜翻过六楼的宿舍防护栏，纵身跳了下来，她的身边还放着一床被子。这起案件引起了很大的争论，学校认为是她半夜梦游一不小心跳了下来，家长则认为她是在学校跟老师或是同学发生矛盾，想不开才跳楼的。

就在学校跟家长僵持不下的时候，她的一个同学提供了一个重要的线索，说她最近因为看太多的穿越剧，读太多穿越方面的书，所以对世界上存在很多时空的说法很是认同，她一直和她的同学讲述另一个时空多么多么美好。再加上现在生活的压力，和她本身就孤僻的性格，让她变得越来越不合群，所以，她向往另一个时空的自己。她在日记上曾写到："我不是属于这个时空的人，我梦想有一天能穿越到那个属于我的空间。"因为书上说："只有受到强烈的撞击，才会让灵魂离开现在的肉体，穿越到另一个时空。"对于这些作者编出来的虚假说法她深信不疑，所以才会采取这种方式实现自己的"梦想"，从此，再也看不到初升的太阳。

这个事例让我们看到，有些不靠谱的理想如果得不到遏制，便会一发不可收拾地占据你生活的所有空间，甚至会葬送自己的性命。所以，向生活中那些不靠谱的理想说"NO"，是一件多么重要的事情。

只有清楚地认识自己，了解自己的能力，掌握身边的环境，才能制定出适合自己的目标，也才能找出那些不靠谱的自己却一直想实现的理想，然后把它们剔除，只有这样人生才会朝向一个正确的方向前进，才不会被那些不靠谱的念想占据自己通往成功的道路。

每个目标都携带风险"病毒"

每一个人都有很多的目标，在实现每个目标的时候都不可能是一帆风顺的。不管做什么事情都会有风险，所以，你在做规划的时候，应该提前做好风险的规避，在风险出现后，及时补救。

生活中，我们不是独立的个体，我们的每一个决定都会伴随着很多因素的发生，这些因素并不仅仅都是好的方面，那些与目标背道而驰的就是目标产生的风险，这是不能避免的。唯一能做的就是尽量把它的危害降到最小，这是目前对待风险的最好方法。

当一个目标在你脑海中形成的时候，你不要急于付诸行动，毕竟很多事情一旦开始就没那么容易结束。所以，在行动之前，你需要做的就是对这个目标进行分析，这个目标的实现会给你的生活带来什么不好的影响。在目标形成的初期这些可能不会那么容易地显现出来，所以你需要提前预防。只有你提前做好抵御风险的准备，才能把风险的危害降到最低。

当你意识到目标实现之前的“病毒”已经出现，你应该正视这些“病毒”，分析它们来自哪里。如果你不能解决，那么就想办法找人帮助自己解决。

风险出现后，你应该审视这些风险产生的原因，正确评估风险的大小，然后有针对性地采取措施挽救风险带来的危害。对一个公司而言，应该成立一个风险评估小组，这样在每一项决定实施之前，都能知道它会带来的危害，然后在这些危害出现之前就想办法解决；还有就是成立专门的公关部门，它是风险出现后的协调部门，针对“病毒”出现后采用有力的手段降低风险。

十年前，摩托罗拉还是引领尖端技术的卓越典范，拥有着全球最受人尊敬公司之一的尊崇地位，它每隔十年便开创一个工业领域，有时甚至开创两个。成立 80 年来，先后开创了多个产业，一直处于尖端科技行业的领跑者地位。

但就是这样一家有显赫历史的知名企业，在 2003 年手机的品牌竞争中排在第一位，2004 年被诺基亚超过排在了第二位，而到了 2005 年则又被三星超过，排在了第三位。2008 年 5 月的市场数据显示，摩托罗拉可能在 2008 年年底之前失去北美市场占有率第一的位置。摩托罗拉的季报也显示，2008 年第一季度其全球手机销量下降 39%，手机部门亏损 4．18 亿美元，与上年同期相比亏损额增加了 80%。

企业每发展到一个阶段，就应该做一个风险评估，未雨绸缪，将风险先降到最低，当风险出现的时候，应该采取一切可行的方法应对，而不是让它一直发展下去。企业需要风险管理，通过控制意外减少事故风险，以保证企业或组织的盈利。

在我们确立目标之后，应该认识到每个目标都有风险，事先预料到这一点，当风险出现的时候就不会手忙脚乱，有足够的思想准备去应对这些风险。

当风险出现的时候，应该协调各方面进行风险的处理。有风险并不可怕，毕竟人生处处充满风险，不要因为目标存在风险而放弃它，当它出现的时候，最明智的办法就是动员周围的一切力量去平息，把危害降到最低。

你是否已经做好各种准备

人生之路很漫长，既有悬崖峭壁，也有一马平川；既有激流奔放，也有细水长流；既有繁花似锦，也有百花凋零……总之，实现目标的路上会发生什么，我们都无法预料，唯一能做的就是为目标做好准备，迎接它的每一个挑战。

生活中，我们每个人都像是在摸着石头过河。有的人知道过河的过程中会遇到很多意想不到的困难，所以提前有心理准备。而有的人只是凭借一腔热血，途中遇到哪怕一点风浪，就会被打翻。

有准备的人，能从容地面对生活，并且取得比别人更好的成绩，同时也培养了对生活的自信；而没有准备的人，生活中的每一件事对他来说都像是一场挑战，他会觉得生活布满荆棘，让自己变得唯唯诺诺，不敢前行。

当你确立一个目标后，你应该清楚完成这一目标需要付出什么，然后根据目标的需求做准备，补充自己不足的知识和技能，培养良好的人际关系，这样关键的时候有人愿意拉你一把。你还应该从财政、感情、人际、知识、能力、家庭等各方面做准备，认识自己的不足，了解自己的优势，然后在以后的生活中你就可以做到扬长避短，让自己更容易成功。

为目标做准备，你需要一颗积极向上的平常心。生活的漫漫长路中，谁都会遇到坎坷、困难，这些都是很平常的事情。我们要保持一颗积极向上的心，把阻力化为动力，把困难化做向上攀登的垫脚石。但是，有很多的人却不具备这一点，所以才会因为一时的失意而结束生命或是郁郁而终。

面对目标，还要准备的就是自信，这样会让你在困难面前变得足够强大，能够轻而易举地克服困难。所以，你要学会培养你的自信，多运用自己的优势，丰富自己的经验和技能，这样你才有能力面对一切未知的事情，不畏困难，勇往直前，最终走向胜利。

提起杨澜，很多人都觉得她太幸运了，从著名节目主持人到制片人，从传媒界到商界，她一次次成功实现人生的转型。杨澜是幸运的，但这种幸运是她自己创造的，是她提前准备而得来的，是所有的准备累积到一定程度厚积薄发出来的。

在成为央视主持人之前，她只是北京外国语大学的一名学生，而且很缺乏自信，她觉得自己没有聪明的大脑，也不够睿智，所以她想试着从自己的优势方面着手，培养自己的自信。在学校的时候，她非常勤勉，遇到不懂的问题主动向别人请教，就这样通过不断地丰富自己，不断培养自己的自信，让她在1990年2月份中央电视台《正大综艺》栏目招聘主持人的时候，凭借自己的自信和丰富的知识脱颖而出。

可见，提前做好人生中的各种准备是一件多么重要的事情，它能让你在追求目标的时候变得更有底气，更加自信。

为了美好的明天，我们必须善待今天。没错，为了我们心中美好的目标，我们必须好好地利用今天的每分每秒。可是我们需要为目标做什么准备呢？在我看来，为目标做准备，指的并不仅仅是物质方面，还包括精神和知识技能方面的准备，这些都是我们在未来的生活中会运用到的，所以只有提前准备充足，才能在未来用到的时候不会变得慌乱。

所以，从现在起，你应该做的就是为实现你的人生目标做好充足的准备，这样在你面对挫折时，才不会手足无措。

13　为人生目标画个路线图

单独写下每个人生目标

你的心中已经有一个明确的目标，现在你要做的就是把你的每一个人生目标用一句话总结出来，写在一张纸的顶端，这是实现人生规划的第一步。也许你会认为这样做多此一举，但这对人生而言，却是一件很重要的事情，这关系到你以后的整个人生。

把目标写下来，就像是在和未来签合同，这样就能让你时刻督促自己，不会轻易毁约。

这些人生目标都是你竭尽全力想达到的，把这些目标单独写下来，如果发现有的目标脱离了实际，你就应该把它丢进垃圾桶，这样留下的都是你需要去实现的目标。所以，把每个目标单独写下来，你就能知道哪些才是你应该去完成的。

把你的每个目标单独写下来，然后给每个目标都设定个时间框架，分析并写下实现每个目标所需要的资源，尽快补充自己不具备的资源，这样在实践中就有充足的资源支撑目标的实现。你也能清楚地看到你的目标实现到哪个阶段，下一步应该做些什么，这样会让你的思路更加清晰。

有些时候目标与目标之间会存在冲突，如果让它只停留在脑海中，你就无法清楚地看出它们之间的矛盾。把它们写下来，白纸黑字会对你的视觉产生冲击，你需要对每个目标进行分析，写下每个目标实现过程中会遇到的困难，并写下完成每个目标需要的步骤，再把每个步骤需要完成的具体时间写在后面，这些都是大脑皮层无法实现的工作。所以，你要学着写下每个目标，并把这作为一种习惯，这样你就能比别人更容易成功。

你写下的目标，就像是为人生画一条路线，让你知道什么时间应该到达什么地点，为你的人生指明方向，也让你的目标有一个依附。

就企业来说，我们发现，每个企业都会把每个月或是每个季度要完成的目标打印出来，贴在醒目的位置，这样会让每个员工都能清楚地看到自己的工作方向，然后调整自己的进度。

目标对人生有着巨大的导向作用，成功一开始，仅仅只是个选择。你选择什么样的目标就会有什么样的成就，就会有什么样的人生。所以，从现在起，养成一种习惯，写下你人生的每一个目标，这样会让你更接近成功。

完成目标的资源你是否都具备

人们都渴望成功，但是总会因为一些事情，让我们的目标无法按时完成，长此以往，就失去了奋斗的动力。那么我们该如何做才能让目标顺利实现呢？当你在一张白纸的顶端单独写下每个人生目标后，你应该在每个目标下面写下完成它们所需要的资源，然后检查这些资源你是否都已经具备，这是你实现人生目标的第二步。

如果要成立一家公司，需要拥有足够的人力、物力、财力，除此之外还要有良好的人际关系，只有这些资源完全具备，才能投入运营。人生的目标也是一样，在实现目标之前也需要有充足的准备。首先，你应该分析这些目标的完成需要你付出什么，就是目标需要用到的资源。把这些资源清晰地写在每个目标的下面，然后在自己不具备的资源后面做个标记，这样就能一眼看出实现这些目标还有什么不足之处。

浩明是一家私营企业的老总，他想拓展一下公司的业务，以便在市场上取得更大的优势。

他是一个敢想敢做的人，当他有了这个想法后，他就召开会议，把自己的这一想法告诉各个部门的负责人，希望大家可以提供一些宝贵的意见。

公司里很多人都觉得这一想法非常不错，所以纷纷表示赞同。

很快，他的这一想法便在公司开始实施起来。可是，在付诸行动时，却遇到了很多的麻烦，这些拓展业务取得的效果，也与自己想象的相差甚远，不仅如此，很多员工都觉得这一举措让自己不知所措。

这时浩明很是心急，无论从公司发展前景上，还是员工积极性上，都找不到一点原因。就在他迷茫的时候，一位老员工对他说：“我们不具备拓展新业务方面的人才，虽然我们公司不乏创新的人才，但是‘隔行如隔山’，有些东西还是不能做得很好，我们之所以会面临今天的处境，只是因为在行动之前，没有检查，完成这一目标的资源是否都是我们具备的，没有认识到自己的不足。”

听完这位老员工的话，浩明觉得很有道理。他开始广纳新业务方面的人才，很快，他的公司便达到了自己的预期，在激烈的市场竞争中脱颖而出。

所以，在目标确定后，检查每个目标完成的资源是否具备的行动是必不可少的。

在一张纸的开头写下你的目标，然后看这些目标需要什么，把它需要的都详细地写下来，然后把这些需要的与自己拥有的作对比，找出目前不具备的东西，及时地完善，做好充足的准备。当然，实现目标还应具备的就是坚强的意志，这是衡量一个人成功与否最重要的标准。想象一下你的目标实现后的生活会发生多大的改变，这些改变都是你梦寐以求的，让这些蓝图激发你对实现目标的动力，然后你就会拥有不达目标决不罢休的意志力。

补充资源的行动必不可少

每一个伟大的成功都是从微不足道开始的，即使之前拥有的只是毫无根据、异想天开的自信心而已，只要拥有目标，一切就都会有希望。我们刚开始拥有的东西并不足以支撑我们走完剩下的路，我们已经从单独写下的每个目标下面清楚地认识到自己的不足，接下来应该做的就是补充那些我们缺乏的资源，这也是实现目标的第三步。

有些时候我们拥有的能力在目标面前会显得那么单薄，有些能力与思想是我们完全不具备的，但却是实现目标的路上所必须的。所以，我们要学会不断地学习，不断地接受新知识、新技能，这样就会在实现目标的时候不至于手足无措，也会让自己的人生变得更丰满。

每个目标中都隐藏着很多的资源需求，所以，在单独写下的目标下面写下目标所需要的资源，并找出自己不具备的资源，然后才能根据需要进行相应的补充，这是一个目标形成后，必须要面对的问题。

不要总以为自己什么都懂，什么都具备，这样的话，在你遇到挫折的时候你就无法坦然面对，所以对待生活，要时刻保持一种空杯心态，这样你才会往里面注入更多的水分。

不知道你对毛竹是否有所了解，它是一种生长在中国最东边的竹子。那里的农民到处播种，精心培养。毛竹有个特性，就是在种下的头四年里只生长 3 厘米，但是，五年后却以每天足足 30 厘米的速度生长着，这样仅仅用两周，就可以长到 15 米高。

这就像那些成功的人，成功之前一直拼了命努力也看不到成果，一旦时机成熟，他们便会登上别人遥不可及的巅峰。

也许你现在正处在梦想的初期，也许你十分迫切等待着梦想实现的那一天，但是你不能心急，你现在需要扎根，需要补充很多的能量，这样才能在未来某个时刻一举成功。

先有输入，才有输出。成功是不断丰富自己的过程，尤其在当今的时代，知识更新的周期越来越短，过时的东西就等于废料，只有不断地为自己补充资源，才能不断地摄取成功的能量，才能适应目标的趋势，让自己更容易实现梦想。

没事的时候多读一些书，多学习一些技能，多走出去学习别人的成功经验，多和成功的人交流，保持一颗积极向上、不断进取的心，这样才能不断为成功积累能量，为目标的实现做铺垫。

成功是付出了比别人更多的努力、痛苦与艰辛后得到的，不是只靠幻想就能得到的。你之所以到现在还没有成功，是因为拥有的资源还不足以实现梦想。所以，如果一个人想实现目标，补充资源的行动是必不可少的。

确定每个目标实现的具体时间

我们的内心深处都深藏着对成功的渴望，希望将现在的精力与时间都投注在未来的成功上。成功的过程必定是十分痛苦的，痛苦的不仅是过程中的艰辛，还有对成功遥遥无期的等待。就是因为痛苦，很多人会觉得迷茫，不知道目标实现的那一天会不会到来。之所以会出现这样的迷茫，就是因为没有为每个目标的实现确定一个具体的时间。

所以当你为目标补充资源之后还应该做的就是在每个目标下面做一个有关时间的表格，确定每个目标完成的时间，填写到相应的表格中，这也是实现目标的第四步，这样你就能清楚地知道自己该做什么。

每个人身上都携带着拖延症的病毒，所以一旦脱离了约束，就像是断了线的风筝，随风飘荡，然后在一场风雨之后，便不知所踪。

要为目标规定具体的时间，你应该仔细研究这个目标，考虑多方面的影响因素，比如家庭、事业、知识技能、感情生活、朋友圈等，根据这些因素制定一个具体的时间。当然时间的长短也取决于目标实现的难易程度，难实现的目标自然要花多一点时间才能完成，易于实现的目标可以缩短时间，这样才能合理规划时间，在有限的生命里，做更多有意义的事情。

刚开始的时候，任何人的目标都不是那么清晰、集中的，都要经过很多次的修订与舍弃才能最终达成，所以在制定时间的时候这点是需要考虑的，不然会让你觉得时间特别紧张，在规定的时间内没有完成，会让你失去信心。制定时间的时候还要不断检测自己的执行能力，然后根据自身的情况不断进行调整。

我在参加一次企业培训的时候，有一个学员向我诉苦，朋友都说他是一个彻头彻尾的失败者，因为到目前为止，他还未实现他的目标，眼看着许多朋友都实现了自己的理想，并有所作为，所以感觉上天对自己很不公平。

“你有目标吗？”我问他。

“当然，我为自己制定了明确的目标。”他回答。

“那你有为每个目标制定一个具体的时间吗?”我继续问。在培训的时候，我就注意到他是一个没有时间观念的人，对于我布置的任务，除非我规定具体完成的时间，否则他决不会想着去完成。

“没有。”他果断地回答。

然后我便给他一张纸，让他写下每个目标，并在考虑各方面因素的情况下为每个目标规定一个具体的时间。

一天之后，当我问他，是否完成了我布置的任务时，他果断地摇摇头：“我不知道你今天要，所以……”

“明天的这个时候，把它交给我。”我对他说。

第二天，他准时把那张纸交给我，上面有他做的详细而又具体的时间规划。

“照着这张纸上的内容去做，总有一天，你会发现，成功就在你面前。”我说。

其实他已经完成了一个目标，就是那张计划表。所以，他不是没有能力成功，只是没有规划好时间，没有合理的时间安排，自然也不会成功。

有时候我们的目标不能实现，不是因为理想太过远大，也不是因为目标不够具体，而是因为没有为每个目标定一个具体的时间表。时间是约束我们行为，提高执行力的唯一指标。所以，当确定目标后，首先应根据自己的情况和外界的因素为每个目标定一个具体的时间，最好详细一点，这样你就能更清楚地知道下一步应该做什么。

我们就像是坐在时针上的小人，随着时间的滚动不停地转动，所以我们要学会让每一圈都有意义。为每个目标都设定一个具体的时间，让每一天都过得有意义，每一次行走都离成功更近一步。

定一个具体的时间进度表

大多数人可能会面对这样一种迷茫：虽为每个目标定下一个具体的时间，却不知道下一步应该做什么？或是总感觉时间不够用，每天过得就像是打仗一样，总觉得忙碌得毫无意义。这一切都是因为规划得不够具体造成的。所以，在你确定了每个目标完成的具体时间后，你还要为每个目标定下一个具体的时间进度表。

你想在十年之后、五年之后或是一年之后做什么？成为一个怎样的人？这些都是你的目标。你肯定不想一直原地踏步，但明确你的真正目标确实是一件很困难的事，再为它们定义具体的时间进度表，这是极少数的人才能做到的事。所以很多人的目标就是为自己找一些遥遥无期的梦，永远也不可能实现，这样不仅让生活变得匆忙，也会让自己变得对生活充满遗憾和绝望。

现在，你需要在一张白纸上做一个二维表格，把每个目标完整地写下来，然后描述每个目标的详细“旅程”，为每个“旅程”定一个具体的时间。其中有些目标可能会因为你的年龄、健康、经济状况等原因，有一定的“搁置期”，这些都是为目标设定时间进度表的时候必须要考虑的影响因素。你需要根据这些因素，和目标本身实现的难易程度，为每个目标定一个长、中、短期计划。每个目标都可以被分解成许多的小目标，在每个小目标下面写下具体的完成时间，并定期检查每个目标的完成情况。

每次培训之前，我都会抽出一点时间为我的培训定一个具体的时间表，第一天应该培训什么内容，第二天、第三天……这样我就能知道今天一天我该讲些什么内容。为了保证在规定的时间内顺利完成计划，我还会为每一天都做一个具体的时间安排，比如今天几点到几点培训什么内容，我会把每天的时间划分得非常详细具体，即使留给学员们休息的时间、吃饭的时间，我也会清晰地写出来，因为这样我就能知道现在做什么，接下来应该做什么。

如果没有事先做好时间规划，不仅会让培训的内容杂乱无章，思路也会比较凌乱，甚至会导致不良后果，所以，对于每一个培训师而言，定一个具体的时间进度表已经成为一种习惯。

现在检查你的整个人生计划，然后制定你这周、这个月乃至今年的时间进度表，以便你可以按照预定的计划完成你的目标。为每个计划加上一个具体的完成期限，那些没有确定时间的目标，考虑一下你想在哪一年完成它，并把这个年份写下来标注在下面。

定期检查整个时间框架，为你所需要完成的每一小步，写下你需要完成的现实时间。把所有目标完成的时间都写在你的进度表上，这样你对每一件要完成的事就有了确定的时间，就能约束自己像小时候完成老师布置的作业那样，按时完成每一个目标。

划掉你已经完成的目标，然后写下下个目标需要完成的时间，这样就能合理利用生命中的点滴时光，就能实现生命的最大化。

我们是否能制定一个伟大的、可行的，并且能持续坚持的目标？如果能有一个这样的目标系统，它能时刻关注着我们的前进，并且能在我们松懈下来的时候提醒我们，这样怎么能不成功呢？

你要知道，工作会自动膨胀，如果不为每个目标定一具体的时间进度表，它就会无限期地拖延你的时间。所以，为每件事情定一个具体的完成期限，如果不这样做，你可能要多花几倍的时间去完成。

定期检查每个目标的完成情况

每一次取得成功，都是由一个目标开始的，而一个目标的完成，也就预示着在成功的道路上又前进了一大步。每个时期，根据时间进度表上的时间分配，定期检查是否在规定的时间内完成了任务，这样就能清楚地看到你每一个目标完成的情况。

有的人制定的目标就只是目标，他不会关注每个目标的进展如何，现在处在什么阶段，接下来应该怎样改进，才能让目标更出色地完成。这样的人，只是为了让自己有事情做才制定目标，而不是为了实现自身的价值，这是对人生不负责的一种消极态度。

未来的路是现在无法控制的，现在能做的就是让走过的路不留下遗憾。所以要学会定期检查每个目标的完成情况。现在，停下你手头的工作，拿出你的时间进度表，找到你现在所处的时间，然后向上追溯，之前的目标你是否都已经出色地完成，是否有遗漏的或是没有达到自己预期的，把这些标注出来，并写出没有完成的原因和不完美的地方，然后提醒自己以后要尽量避免这些纰漏，让之后的目标完成得更加出色。这样做会帮助你养成一种良好的习惯，会让你之后每个目标都会比上一个目标完成得更加出色。

1952 年 7 月 4 日的清晨，加利福尼亚海岸下起了浓雾。在海岸以西 21 英里的卡塔林纳岛上，一位 43 岁的妇女准备由大西洋游向加州海岸。这是她的人生目标之一，她热爱这种挑战，总觉得这样会让自己的精神得到升华。

那天早晨，大西洋海面上雾很大，海水冻得她身体发抖，她几乎看不到护送她的船，但她毅然决定向加州海岸游去。时间一个小时一个小时地过去了，千千万万的人在电视上看着，都期待着这位内心强大的女人成功抵达加州海岸的那一刻，有几次鲨鱼靠近她，都被人开枪吓走了，辽阔的海面上只有她一个人在那里奋力地游着。

15个小时之后，她又累又冷，感觉全身都在发麻，她不知道自己游了多长的距离，所以她叫人拉她上船。她的母亲和教练在另一条船上，告诉她，她已经游了很远的距离，就快到了，可她向后看看，除了浓雾，什么都看不到。

人们拉她上船的地点，离加州海岸只有半英里！后来她说，令她半途而废的不是因为海水太冷，也不是因为自己体力不支，而是浓雾中看不到自己所处的位置，不知道离成功还有多远。

这个故事说明目标是需要定期检查的，这样才能知道自己现在处在什么位置，才能知道还要往哪个方向努力，才会使未来的路变得清晰可见。有时候令我们半途而废的原因并不是目标难度太大不容易实现，而是因为我们没有定期对目标完成情况进行检查，不清楚未来还有多远，所以，才会因为迷茫而放弃。

实际上，制定目标是一回事，完成目标又是另一回事，制定目标是明确做什么，完成目标侧重的是该怎么做。目标制定出来，不能很好地完成，那么目标就没有任何意义。完成目标最重要的一点就是学会对目标进行定期的检查，从中找出自己的不足，然后才能做出相应的改变。

如果你不知道接下来该做什么，那么你现在做的每一件事都是没有意义的。

定期对你的目标进行检查，必要的时候可以对它进行调整。如果有些地方是错误的，那么改正它；如果有些地方需要加强，那么你就能清晰、坚决地去补充能量。

马上行动，Just do it

为了取得成功，我们通常会为人生设定一个切实可行的目标，然后制定一些详细的计划步骤。但是人生不是只有计划就能完美的，计划是需要行动才能体现出来的，所以要想取得更大的成功，就必须立即行动，这是实现目标的最后一步，也是最关键的一步。

如果一块美味的蛋糕放在你的面前，你不把它放到嘴里咀嚼，那么它对你来说只是一块蛋糕，你永远无法体味它的美味，只有你把它放到嘴里，才能品尝到蛋糕的滋味。对人生而言，我们的梦想就是一块美味的蛋糕，要想品尝到它的美味，必须按照计划行动起来，这样才能体味到成功的滋味。

制定好你的目标，清楚地为每个目标定个计划，然后按照计划行动。你已经明确知道你现在该干什么，所以现在就应该放下手中的游戏，让自己变得主动一些。你每天都要把行动挂在嘴边，当你感觉累，停下来休息的时候，当你因为天气冷躲在被窝不想起来的时候，当你觉得目标遥遥无期，驻足观望的时候，你应该用你目标的强大威慑力逼走你的懒惰，然后按照计划一步步地完成，行动起来，你就能看到不远处成功的自己。

有一次我在某个大学做培训讲座的时候，一个戴眼镜的学生主动站起来问我："洪老师，你是怎么成功的？你的秘诀是什么？"

听完他的话，我把一枚硬币扔在地上："现在地上有枚硬币，如果我弯腰捡起来，那么对我来说，这就是我的财富；如果我只是站在这里看着这枚硬币，那么它跟我就没有任何的关系。就像现在，你主动问我问题，就比那些只在心里问自己的人得到的多，至少我能看到你，能记住你。所以，成功真的跟运气没有关系，主要看你的行动。”

讲座结束后，这位学生主动要求跟我合影，说是作为留念，我当时很欣赏他有想法就果断行动的能力，所以二话没说就和他合影留念。至今那张照片我依然保留着。

几年后，在朋友那里无意中看到他的简历，那时候朋友的公司正在招人，当看到他的照片后我就向朋友推荐，说这是个不错的小伙子，将来肯定能为公司作出贡献。其实，刚开始的时候，朋友并没有打算留下他。

不久后，朋友打电话说，感谢我为他推荐了一个人才，他现在在公司很受重用。

其实那天如果不是他主动站起来向我提问，主动要求跟我合影，我又怎么会记住他，他又怎能像现在这样事业有成。

绝不要把今天的事情留给明天，因为你知道明天是永远不会来临的。现在就行动吧！或许你的行动不会给你带来快乐和舒适，但总比坐以待毙要好得多。行动也许不会立即就结出成功的果实，但没有行动，所有的果实都会被鸟儿叼去，或者在树上烂掉。

目标一旦确定，就立即行动。从今天开始，牢牢地记住这句话，每当偷懒或是想放弃的时候都要重复这句话，直到这句话变得像呼吸一样成为一种习惯，而紧跟在后的行动就像反射一样成为一种本能。牢记这句话，你就能调整自己的情绪，勇敢地迎接失败者不愿尝试的每一次挑战。

当你筋疲力尽的时候，或是想把有些事推迟到明天再做的时候，你应该把这句话读出来，并且立即付出行动。

人生光有目标还不行，还必须行动。因为成功的衡量标准是你为此采取了多少的行动，而不是你的目标有多么伟大。

第六章

你的预见 是否已遇见

——逗号，句号，感叹号！

镜像人生:《追梦女孩》

20世纪60年代，三个出生在芝加哥的黑人女孩，怀揣着心中美好的梦想，信心满满地来到大都市纽约，渴望在这里能够一举成名，实现自己的梦想。

在一次歌舞才能竞赛中，她们的才华被一位雄心勃勃的经纪人康迪斯发现，在他的安排及她们不断地努力下，三个女孩终于站在了舞台聚光灯的正中央。然而，当她们成名后才发现，她们成功的背后是沉重的代价。三个原本纯洁的女孩，渐渐地沦为娱乐圈肮脏交易和尔虞我诈的幕后操作手，她们在实现梦想的路途中承受了太多的背叛、欺诈和仇恨。

这个时候，她们开始反思，自己当初的梦想是这样的吗?

生活中有的人因实现了梦想而感到人生充满趣味；有的人在实现梦想后却变得越来越沮丧，因为在追逐梦想的过程中，他失去的比得到的要多得多。

很多时候，我们以为自己的梦想已经实现，但事实却不一定。在我们庆祝收获的时候不妨冷静下来想一想，我当初的梦想是这个样子吗?我此刻到底是处在什么位置，逗号?句号?还是感叹号?

14　我选对行了吗

我所从事的行业有什么优势

什么是个人优势？什么是天赋？就是花同样的时间，你做一件事所达到的效果比别人好很多，或者达到同样的效果你比别人花的时间少很多。这就说明你具备做这件事的优势或者说是天赋。天赋是在工作和生活中被发现的，而不是在温室里分析出来的。

工作占据了我们一生大部分的时间，也是我们赖以生存的保障，更是实现我们人生目标的有力武器。生活在这个世界中，每个成年人每天必做的事情就是工作，有的人凭借着行业的优势在人群中赫然彰显成功的魅力。只有知道自己所处行业的优势才能让其为我所用，才能在人生这个大舞台上永摘头魁。

你的工作能让你得到幸福吗？面对每天不断出现的挑战，你怀疑过自己的能力吗？其实，能力并不足以判定你是否工作出色，因为能力是可以通过后期的培养获得的。你应该考虑的是你所从事的行业优势在哪儿？怎样才能在行业优势的基础上最大限度地发挥自己的优势？这样才能有针对性地修正和调整自身的特点，使它更好地朝行业优势上靠拢。

当从事一份工作的时候，你首先应该了解这个行业，清楚地知道这个行业存在什么优势和劣势，这样才能准确地利用这个优势，避开劣势。比如，你在一家金融企业工作，你首先应该通过查询资料或是从同行业的前辈那里了解这个行业，是否能在当今社会中占据一席之地？它的发展前景如何？相比其他行业来说，较为突出的优势在哪儿？这个优势你是否能展现出来？是否对你的生活有所帮助？只有认清这些问题，你才能在今后的工作中把这些优势展现出来。

雷军在小米2代手机发布现场公布了小米1代手机累计销量达352万台。小米是家成立仅两年的中小企业，市场的估值却已经达到40亿美元，并再次获得融资2.16亿美元。是什么魔力让这家像“小米”般的中小企业奇迹般地成长起来的呢？因为雷军看到了这个行业的优势。随着科技的发展，信息的迅速蔓延，人们对手机质量的要求也越来越高，小米正是在时代竞争中准确地认清了数码行业的优势，适当地调整了自己的步伐，才得以在竞争激烈的行业中拥有一席之地。

竞争成熟的市场更考验品牌的生命力。小米出生在竞争成熟的手机市场，这里有如日中天的苹果，有陷入泥沼中挣扎的诺基亚，有后起之秀的HTC，还有一大群不断在蚕食与趁机加入中国庞大手机市场竞争的中外品牌，真可谓是弱肉强食的时代!

小米精准地锁定了目标人群——“发烧友”，定位做一款高性能“发烧友”爱好者的手机。在我们看来似乎是小众的用户，毕竟中国“发烧友”的目标人群还是少量的。但是随着数码产品的日新月异，使用高端数码产品成为人们生活中领军人物的优势暴露无遗。

事实上，当众多手机品牌吆喝叫卖时，小米已经实现了上百万的销量，这足以说明这一行业优势的重要作用。

这个案例告诉我们：只有清楚自己从事的行业，认清行业的优势，才能确定成功的目标，才能让自己的人生规划达到一个相对饱和的状态，从而发挥自己的优势，取得更大的成功。

如果想让自己在所从事的工作中最大化地实现自己的价值，其前提就是清晰地知道你所在行业的优势在哪里？

行业的特征是指本行业产品或服务的特性。行业优势是指该特性的说明及其在市场上的独特性，与同行业相比的差异化往往可作为满足特定人群的优势。所以，只有认清自己所处行业的优势，才能有精准的目标定位。

我所从事的行业市场潜力大不大

如今，随着中国国际地位的迅速提高，经济的发展，市场的进步，各种行业如雨后春笋从各个国家相继进入中国这个大市场，所以，我们所从事的工作顺理成章地成为衡量一个人生活水平高低的指标，所从事行业的潜力也成为每个人事业规划的前提条件。

如果你所从事的行业市场潜力较大，那么你就要珍惜这份工作；如果这个行业潜力较小，那你就要考虑是否继续做下去。毕竟你所从事的行业市场潜力的大小直接影响到你的前途和命运。

我们几乎每天都在忙碌，工作表上的日期记得密密麻麻，但是你有没有想过所做的这个行业以后能否为你带来更大的成功？你现在的付出，能否在以后得到丰厚的回报？如果你没有考虑过这些问题，那现在就开始考虑吧。

怎样判断自己所从事的行业的潜力大小？首先，应该判断这个行业有没有创新能力，有创新能力才能根据社会的需要不断向前发展；其次，看这个行业是否得到了国家的支持，是否贴近百姓的生活，每个行业都是为社会服务的，如果脱离了社会，脱离了人们的生活需求，就会被市场淘汰；最后，需要做的是预测国民的消费需求。国民的消费需求决定着市场，市场反过来决定着企业的发展，因而能预测到国民的消费需求，就能找到行业发展的潜力。

王建笛是中国移动通讯的总裁，他之所以成功，这与他背后的行业——移动通信行业，是密不可分的。

中国移动通信集团公司（简称“中国移动通信”）于 2000 年 4 月 20 日成立，注册资本为 518 亿元人民币，资产规模超过 4000 亿元。中国移动通信集团公司全资拥有中国移动（香港）集团有限公司，由其控股的中国移动有限公司在国内 31 个省（自治区、直辖市）设立全资子公司，并在香港和纽约交易所上市。目前，中国移动通信是我国在境外上市公司中市值最大的公司之一，也是亚洲市值最大的电信运营公司。

正是由于王建笛看到了移动通信对未来人类社会的影响，他才一直在这个行业坚守。他说：“企业最核心的任务是为国家、股东、客户、员工、社会创造最大价值，而通过自主创新来实现这一目标，是中国移动做世界一流企业的必经之路。”他之所以会这样评价中国移动，就是因为看出了移动通信行业的潜力，也成就了成功的王建笛。

通过王建笛的这个案例，我们可以看出，一个人要想在一生中取得非凡的成就是与他的行业分不开的。人之所以选择工作，并不只是单纯地满足自己生活方面的需求，最重要的一点就是希望通过工作实现他的人生价值。所以，当你从事一份工作的时候，首先应该考虑的是这个行业能否满足你的要求，是否具有很大的潜力。

如何顺利地锁定你职业的方向，如何能快速地缩短现实与梦想之间的距离，以及如何能减少你在资金和精力上的投入，这些都取决于你目前正在从事的工作。只要你能在从事每一份工作之前都对这个行业的潜力进行分析，那么你就会更快地接近成功。

行业的潜力就是你的潜力。企业跟个人的利益是分不开的，只有选择一个有潜力的行业才能让自身的价值与行业的价值完美地结合，才能实现最大化的成功。

我喜欢自己的工作吗

对世界上的大多数人而言，普遍对自己的工作并不是很喜欢，都是为了生活而工作，而不是为了自己的前景、兴趣爱好而工作。所以，才会让你在工作的时候觉得力不从心，有时候会出现烦躁的情绪，这样又怎能在工作中取得好的成绩呢？由此可见，找一份喜欢的工作，才能让你在工作中找到自己的位置，摆正态度，才会取得更大的成功。

如果你长期处在一种不喜欢的工作状态下，你会从内心排斥这份工作中的同事，对领导安排下来的每一项任务都只是应付了事，自然也得不到公司的重用。所以，当你从事一份工作的时候，千万不要被那些暂时的利益蒙蔽，即使勉强接受，那也不会持久。工作的时候你应该多问一下自己是否喜欢现在的工作？

在生活中我们常听到有人这样抱怨："为什么我没找到份好的工作？"这种抱怨只是在你听到别人描述自己的工作如何如何好的时候，才会发出的一声叹息。

正视你现在所从事的工作，问一下自己这份工作能给你带来什么？能让你的生活发生怎样的变化？如果没有这份工作你会怎么样？这份工作是否符合你的兴趣？你能否在工作中找到幸福感？这些都是衡量你是否喜欢现在正在从事的工作的标准。

轻轻地问自己："我喜欢这样的工作吗？"这样你才能从内心衡量自己对这份工作的真实态度。如果喜欢，你就会自觉地为这份工作去付出，因为你知道有付出就有回报；如果你不喜欢，那就找出不喜欢的原因，如果没办法解决的话，就找一份自己喜欢的工作去做，然后努力拼搏，直到达成所愿。

李明所从事的行业是社会调查。一次他应公司的要求，到社会上做一个有关职业和兴趣的调查。他随机抽取了不同行业、不同地区的人参与这次调查，调查的内容是询问被调查者是否喜欢现在从事的工作。结果只有10%的人明确表示很喜欢现在从事的工作，有30%的人不清楚自己是否喜欢现在的工作，而有60%的人却坚决地表示，现在所从事的工作仅仅是因为生活上的需求。

两年后，当他再找到这些人的时候，他发现那10%的人不是已经成功，就是在接近成功；那30%的人正在打拼的阶段，虽然还未看到胜利的曙光，但是却有激情去奋斗；而那60%的人依然在摸索或是在不停地换工作，处于就业和失业的循环中。

通过这个案例，我们可以看到，只有喜欢自己职业的人才会有所成就。所以当你无法喜欢现在所从事的职业时，你就应该找一份自己喜欢的工作，这样在工作中你才愿意投入全部的精力。如果你不喜欢你所从事的工作，那么在工作中，就看不到你的激情，看不到你的动力。你的工作只是为了完成任务，有时你会很不情愿地去应付，有时甚至会产生反感和讨厌的念头，你很想离开，但是你又不知道离开后能去哪里。所以，很长一段时间你都在那里耗着，一直跟你的内心作对。

因此，不管我们有多忙，都要抽时间问一声："我是否喜欢我的工作?"以便你能找到心仪的工作，及时确定自己的人生方向，然后奋力拼搏，这样成功就会很快地出现在你的面前。

我能从工作中获得快乐吗

有人说："每天上班工作八九个小时，有时疲惫，有时轻松，感觉自己就是一个职场机器人。"这样的人，是因为不喜欢自己的工作，所以无法体会工作带来的快乐。衡量一份工作是否适合自己的标准之一，就是你所从事的这份工作能否让你活得快乐。

如果你的情绪因为工作而变得低落，经常认为自己是个受害者，却无法改变现状，那么，在工作中你就会表现得愤怒和焦躁。这样的情绪又怎能让工作带给你快乐？当你否定它的时候，它也已经从你的生活中失去了本来的意义。

怎样判断你的工作能否让你感到快乐？首先，你要知道在做这个工作的时候，是否感觉到了幸福，这份工作给你带来了什么？你是否愿意跟别人分享你的工作成就，是否为你现在的工作感到自豪？这些都是衡量你是否已经在工作中获得了快乐。其次，你的工作能否让你有成就感？如果因为这份工作你感到快乐，那么你就会经常在别人面前称赞你工作中的老板或同事，你会感恩这份工作给你的生活带来的变化。

有一个著名的心理学家曾经做过这样一项调查：他来到一家大公司，问其中一位员工："你工作的时候快乐吗?""现在的工作既枯燥又劳累，如果不是为了有份稳定的工资养家糊口，我才不会在这家公司继续工作呢。这份工作让我的心情糟透了。"随后，他又问了另一位员工："你工作的时候快乐吗?”“怎么会不快乐呢?如果不是这份工作,我说不定已经流落街头了,我很感激这份工作带给我的稳定收入,而且还能让我学到一些宝贵的知识和经验,让我的生活很充实。”一年以后,当这位心理学家再来到这家公司的时候,当初他遇到的第一位员工仍然在当初的岗位上忙碌着,表情依然充满了痛苦与烦躁。而另一位员工,半年前就已经被升职为公司的部门经理。

听了这个故事之后,你是否已经有所领悟,是否正在问自己是否从现在的工作中获得了快乐?第一个人之所以还处在原来的位置,是因为抱怨让他无法全身心投入到工作中。众所周知,当你对一件事情没有激情的时候,你就不可能在这件事上取得成功;第二个人之所以会升职,是因为他对自己的工作很满意,愿意为其付出,只有付出才有回报,所以他取得了成功。

你应该常常思考自己的工作,思考自己将会走出一条什么样的路。只有你真正想要的工作,才会带给你快乐,才能让你不计回报地付出。只有你想要的工作,你才会想尽一切办法,让它通向成功。不仅如此,工作中的快乐还会提升你的人生价值,让你越来越优秀,越来越成功。

我的价值是否能够充分展现

一个人的人生价值能否得到充分体现,关键在于他是否找准了人生的立足点,找准了自己在人生舞台上该扮演的角色。人生存在两种期待,一个是自己对自己的期待,一个是别人对自己的期待,人生的价值也体现在此。而这些期待和立足点都是源于你的工作,归根结底,你的价值能否充分展现,关键取决于你现在所从事的工作。

工作在人的一生中占据大部分的时间，我们从工作中获得生存下去的能量，也是从工作的表现体现一个人的潜在价值。但不是每个人都能找准人生中的这一立足点，所以导致有的人整天忙忙碌碌，但除了拿一点固定的工资外，什么都没得到；而有的人不仅有丰厚的薪酬，还会获得别人很高的评价，自己也感到非常的满足。

认真对待你的每一份工作，不要总认为现在的工作不适合自己，真这样的话，你早就换工作了。你之所以没有离开，肯定有留下来的理由。既然如此，你就应该努力让自己爱上这份工作。有些时候只要尽力就好，这样对于工作而言你就没有任何遗憾。比如，你出色地完成了一份工作，受到了领导的赞扬，这样你会很满足，也会感觉很幸福。在工作中要严格要求自己，出色地完成任务，争取超过别人的期待，这样会让你对工作越来越自信，你也会越来越优秀。

李嘉诚，长江实业集团有限公司董事长，1958 年开始投资地产，1979 年购入老牌英资商行“和记黄埔”，成为首位收购英资商行的华人。自从 1999 年被福布斯评为全球华人首富以来，连续 15 年蝉联华人首富宝座。2014 年《福布斯》杂志公布的全球首富排名中，李嘉诚以净资产总值 310 亿美元蝉联亚洲首富，全球排行第 20 位。

长江集团是一家建基香港的跨国企业，是一家以香港为基地的综合基建公司，专注于发展投资及经营中国香港、内地等跨国业务，是中国基建最大的投资者之一。

李嘉诚有今天的成就离不开他创办的长江实业，当然，长江实业能发展到今天，也离不开它的领导者——李嘉诚。

李嘉诚说：“在激烈的工作竞争中，多一点付出，便可多赢一点。”

他是一个成功的人，他的价值被他的事业充分地体现出来。他深知这一点，所以工作的时候才会竭尽所能。

社会是公平的，付出永远跟收获成正比。所以你应该尽力做好每一份工作，这样才能得到肯定，才能有足够的资源向下一个任务前进。成功是不断积累的过程，当成功积累到一定程度，就会最大化地释放里面潜藏的价值。

这份工作让你得到了什么？你能否因为拥有这份工作而感到幸福和快乐？这份工作能否带给你满足感？

马斯洛将人的的需求分为五层：第一层是安全需求，即要保证自身的安全；第二层是物质需求，即满足你的衣、食、住、行；第三层是精神需求，即能带来精神上的满足；第四层是社交需求，即在工作中遇到的同事、领导、合作伙伴；第五层是自我实现的需求。这是人的最高需求，代表一个人的价值得以体现。

要想把价值充分体现出来，必须要满足前四个层次。所以，当你不知道现在的工作是否能充分体现你的价值时，你可以通过这四个层次去检测。

在工作中尽最大的努力开发自己的潜能，以最大的热情投入工作，这样才能在工作中通过别人的评价体现出你的价值。

15 我跟对人了吗

我跟的人能力如何

我们都知道一个人的能力是有限的，所以为了提高自己的能力，就要向别人学习。因此，为了更快实现我们的梦想，一般会找个人，让他带领我们走向成功。我们身边的朋友、同事、领导，他们的能力如何，有没有值得我们学习的地方，是不是值得我们去跟随？

有时候，当你觉得靠自己一个人的力量达成目标比较困难的时候，你就会找一个在同一条路上行走但却走在自己前面的人，然后跟着他的脚步继续前行。这个过程就像我们在读小学，处在人生的初期，还不具备自主学习的能力，所以我们才会到学校跟着老师学习。老师的能力是毋庸置疑的，因此我们才会变得一天比一天出色。但如果跟着一个不学无术的人，我们自然也会变得一事无成。

要跟随一个有能力的人，首先应该判断自己生活和工作的环境中是否有这种人。如果有，那么就跟随他的脚步，学习他身上我们不具备的能力，直至我们也拥有。其次是多读一些名人传记或是杂志，从那些名人身上发现一些特有的能力和他们获得这种能力的方法，然后效仿他们，这样也能让我们自身的能力有一个很大的提升。

判断你跟随的那个人能力如何，你可以先跟自己比，如遇到同一件事情，他解决得是否比你更出色，能否达到事半功倍的效果。然后在生活中细心观察，那些做任何事情都能达到令人满意效果的人，无疑是能力非凡的人，而那些只会口头上说得冠冕堂皇，却没任何实质性动作的人，千万别去跟随。

张朋一直被周围的邻居和同事称作是一个无能的人，因为无论他做什么事情、无论这件事情是简单还是复杂，他都有原因将这件事搞砸。事实上，他也真的是别人口中说的“草包”。张朋一直很困扰，他一度认为自己真的是像他人口中描述的那样，是一个确确实实的“失败者”。

有一天，张朋的一位多年未见的老朋友从国外回来，他在华尔街的时候曾经名噪一时，多家风投公司都竞相邀请他加入自己的公司，但他最终选择回国发展。当他回国的消息一经传出，就受到国内几家大型风投公司的电话预约。张朋听到他的事情后，真的感觉无地自容，但他又不相信自己永远都是一个失败者。

他想：“近朱者赤，近墨者黑。”也许自己和他在一起会使自己的能力得到提升呢？当这个想法形成后，张朋就开始跟随那人的脚步，学习他的能力，有时候还主动请教如何才能培养一些自己不具备的能力。就这样，在和那位华尔街精英朝夕相伴的日子里，张朋的能力也得到了更多人的认可。

所以，我们要跟随一个有能力的人。但是怎样判断自己跟随的人是不是有能力呢？或许一开始的时候我们并不知道自己跟随的那个人能力如何，如果找到的是一个没有能力的人，那么你很快会发现，你跟他在一起，总感觉被别人拖着不能前进，或者你会发现他根本不具有你所期望的价值，那么就不要跟随这样的人。

为了避免跟随一个没有能力的人，你首先应该了解自己哪方面能力不足，然后深入考察别人的能力。

我跟的人魄力如何

每个人的一生，都会有无数次改变人生航向的机会，机会越多，人生就越精彩。要拥有更多的机会就要敢做敢当，敢做是自己创造机会，敢当是勇于承担责任。这两点无疑会引起别人的尊重和信任，以便获得更多的机会。跟随不一样的人，就会拥有不一样的人生。所以，你跟随的人魄力如何直接关系到你以后的人生。

你必须培养敢做敢当的魄力。没有魄力就很难有所成就，即使位居管理高层，没有魄力，也会被看成一个平庸的人，一个生活中的侥幸者，得不到众人的拥护。所以说，要想让自己变得有魄力，那么你必须确定你跟随的那个人是拥有魄力的。

审视你跟随的人，面对事物的态度和方法，是否能让你感受到他们的魄力。有魄力的人无法隐藏他骨子里那种敢做敢当的霸气。他们往往言出必行，信守承诺，奖罚分明，他们对待自己的未来“不害怕”，对自己的过去“不后悔”。

有一位年轻人想到外面闯荡世界，去做一件轰轰烈烈的大事。临走的时候，他拜访了一位成功的老企业家，这位老企业家一直是他崇拜的对象，他希望自己有一天也会像老企业家那样成功。这位年轻人向老企业家说明了他的想法后，老企业家告诉他：“孩子，我衷心地支持并祝福你，我给你的忠告只有六个字，先告诉你三个，那就是‘不害怕’，后三个字等你有些成就时再告诉你。”

年轻人带着老企业家的忠告上路了。

十年后，年轻人成为著名的企业家，他回来请教老企业家最后的“三字忠告”。但是，老企业家已经去世。他的后代交给年轻人一张纸，上面写着“不后悔”三个字。

年轻人瞬间明白，老企业家知道未来的路上会面临各种艰难的挑战，“不害怕”是心灵的起点，是为自己设下最坚韧的防护，让自己不害怕碰壁，不害怕失败，不害怕孤独，不害怕被人误解。在现实生活中，也许会碰得头破血流，拼得体无完肤，但不害怕，还要闯！有这种魄力的人又有什么理由失败呢？“不后悔”是勇于承担后果，这样才能独当一面，成为杰出的领导者。

这位青年人之所以可以如此成功，离不开他跟随的那位老企业家传授的魄力。很多的时候，我们不缺方法，缺的是一往无前的决心和魄力。不要在事情开始的时候就畏首畏尾，不要在事情进行的时候瞻前顾后，唯有如此，一切才皆有可能。

从现在开始，发现你周围有魄力的人，学习他们敢闯的精神和敢于承担后果的勇气，多跟他们交流经验，时间久了，你就会发现，你也是个敢做敢当的人。

我是否能够从他身上学到东西

怎么才算是一个成功的被追随者？最重要的一点是我们能从他身上学习到一些我们自身不具备的知识、能力或是精神。因为人都是在不断学习中进步的，只有不断补充新鲜的血液，才有不断突破的可能，所以我们把别人当成领路人的时候，首先应该问自己，是否能够从他身上学到些对自己有用的东西？

我们都知道，一个队伍中最重要的是领军人物，只有他够优秀，才能带领队伍走向胜利的巅峰；反之，则会将这个队伍带入失败的谷底。所以，我们要学会理性地分析问题，不要盲目跟从，毕竟我们选择跟随他人，是因为他的成功。不要让自己的盲目断送成功的机会。

一个人的时候，想想现在的自己跟之前有什么变化？知识、经验、能力是否都在原有的基础上有所提升？这些变化是否都是向你的跟随者学到的？如果你跟随的那个人让你的胆量越来越大，做事的能力越来越好，那么你跟对了人。如果你跟随的那个人没有让你有更好的改变，那么这时候你就要问问自己是否还要继续跟随这个人？

小小毕业于一所名牌大学，所学的专业也是当今社会上的热门专业。毕业之后，她来到一家新成立的公司，开始了朝九晚五的生活。

她的上司是一个心胸狭隘的人，经常让小小做一些琐碎的工作。比如，帮同事买咖啡，帮她买工作餐，这种琐事让小小在工作中有很大压力，她感觉公司所有的人都在欺负自己。因此，她每天到公司上班就像是一种煎熬。

其实这家公司发展得不错，老板也很欣赏小小的工作能力，只是这些信息传达到小小上司那里就断了线，所以，小小一直觉得这份工作让自己特别的压抑，她要辞职。

一个月后，小小来到另外一家公司，这个公司的老板是一位白手起家的农民，非常重视人才的培养，认为人才就是公司的未来。每当招聘新人，老板都会亲自面试，要招聘到对公司有用的人。小小在这家公司的上司很有涵养，待人也很热情，而且对待工作一丝不苟，是公司的骨干力量，她经常给手下的员工做专业知识的培训，这些知识都是学校学不到的。在这个上司的带领下，小小觉得自己越来越充实，能力也越来越强，这让她很满意。一年之后，小小便在这位上司的带领下，被公司提升为总经理助理。

如果小小当初没有离开那家公司，也不会有今天这么优秀的自己。

生活中有很多人，因为种种原因会跟错人，这样自身的知识就得不到提升，只能原地踏步，所要面临的将是被社会淘汰的命运。所以，在人的一生中，跟对人很关键，否则就会与成功擦肩而过。上学时，我们跟着老师学习知识，学习做人的道理；职场中，我们跟着别人学习人情世故的处理，学习如何让自己的工作更加出色；生活中，我们向他人学习什么叫珍惜，什么叫爱。正是这些跟着别人不断学习的过程，让我们变得日益成熟，更接近成功。

跟随一个能不断向你传递正能量的人，在他的带领下，你会不断地完善自己，不断补充新的能量，当机会来临时，你才能很好地发挥自己的优势。

我是否已经有所改变

快节奏的生活，让我们每天都保持在忙碌的氛围中，很容易忽视现在的自己正处在一个怎样的状态。经过时间的流逝和你跟随的人对你的影响，你是否已经察觉现在的你和过去的你的区别，你是否已经有所改变？

现在的你，是否已经清楚了你的人生目标，是否知道了什么是应该做的，是否已经有了明确的定位，对这些有了洞悉，这就是你的改变。有规划的人生和没有规划的人生是不同的，只有规划，才能让生活沿着既定的轨迹前行。现在的你，是否已经从他人身上学到了知识和技能，并运用到自己的身上？是否能清楚地认识自己，敢于正视自己的优点和缺点？是否已经变得更加自信，知道自己能做什么？是否已经在做你能做的事了？

一个人的时候，问问自己："我是否已经有所改变？"这是对自己的人生负责的一种检测。人与人之间是互相影响的，别人的习惯、性格、对事的态度，这些都会潜移默化地影响着你，引导着你。所以你应该时常来问问自己，是否已经改变？什么地方有了改变？这些改变是否会给你的生活带来积极的影响？如果不清楚这一点，又怎能知道自己跟的人对你有何影响？是否适合你追随？

改变是相对的，相对于过去的你而言的。比如，当面对困难时，过去的你会怎样做？现在的你会怎么做？这些改变是通过对比才能让自己清楚地认识到。当然，最为简单的一种方法，就是从别人那里得到答案。他人对你的看法与评价是你认识自己的一面镜子，可以清楚地看到今天的你是否衣着得体、是否达到你想要的效果。

善于发现自己的改变的人，才能在原有的基础上有更大的突破。你可以通过各种途径了解现在的你和过去的你之间的差别，既要找到好的改变，也要找到不理想的地方。你必须坦然面对所有的改变。当你清楚地认识到这些改变时，你就可以更加确定自己是否跟对了人。

凌凌以前对什么事情都显得畏首畏尾，不敢轻易展示自己真实的一面。比如，在工作的时候，总是躲在人群的最后面，怕自己太露锋芒，引起别人的注意。在人群中，她也会显得特别不自在，总是关注别人的眼神。

其实，凌凌在朋友面前会很活泼，只是在异性面前太过注意自己的形象，所以给人感觉她是一个特别拘束的人。

两年前，她认识了孙红。孙红是一个很自信的人，她活得很潇洒，不管在什么场合，总有一种“唯我独尊”的感觉。

生活中，凌凌每天都与孙红形影不离，在孙红的熏陶下，凌凌也渐渐地有所改变，在各种场合都能表现得大方、得体。

在一次公司聚会的时候，同事都说凌凌有很大的变化，变得越来越自信，越来越有魅力。凌凌很高兴接受这样的改变，她知道这一切都离不开孙红的影响。

总之，要认真研究我们跟随的那个人的人生观和价值观，特别需要注意的是，要弄清楚他对那些重要事件的意见。只有深入地了解我们跟随的对象，并不断地学习他的优点，我们才能感受到自己的改变。

我是否获得了成长

每个人都会经历人生中一个最重要的时期，那就是成长期。这个时期你会觉得自己一无所有，什么都需要积累，所以你需要别人指导你，从别人的指导中汲取能量。

强者总有一段不为人知的“沉默时光”，以便积累能量。沉默的时候，最重要的就是观察。在足够冷静和理智的状态下，找出别人身上值得我们学习的地方，审视自己身上的不足，然后拼命地从别人身上汲取能量，学习各种能力，掌握支配这个世界的各种工具。

在沉默的时光里，研究这个世界，观察别人对这个世界的态度。从别人身上提炼对自己有帮助的东西，然后把这些东西变成身体的一部分，让自己变得强大，这样才能在以后的生活中让自己不再慌乱，这种蜕变的过程叫做成长。

我们是否在跟随的那个人的影响下正在不断地成长？从他们身上是否

学到了知识和技能，这些知识和技能能否让你变得比以前更强大？在遇到困难时，你是否还像以前一样逃避，他的精神是否影响着你要勇于向生活挑战？你的思想是否在他的影响下变得更加成熟？你也可以听听别人对你现在的评价，从这些评价中认识到自己是否发生了改变？这些由于你跟随的人的影响而发生的积极方面的改变，就是你的成长。

成长就是跟着一个优秀的人学会做自己不具备的知识和能力，学会做自己不会做的事。

有一位年轻人非常渴望成功，于是他到一位成功者那里，希望找到通往成功的捷径。成功者热情地接待了他，把一个空瓶子放在他面前："年轻人，把你拥有的知识、能做的事情全部写下来，装满这个瓶子。"

一个小时后，这个年轻人绞尽脑汁，写下目前自己的所有知识和能够做的事，但是，他面前的瓶子还是没有被填满。

他把这个瓶子拿到成功者面前。"你什么时候能把这个瓶子装满，我再告诉你成功的捷径。"成功者说。

小伙听完成功者的话，抱着瓶子离开了。

之后，他开始寻找身边能给自己带来帮助的人，从他们身上学习自己不具备的知识和技能。三年后的他已经是一家企业的业务经理，瓶子也被一张张写满知识和能力的便签填满。这时，他拿着瓶子来到那位成功者面前："我已经把它装满了。"

成功者抬起头看着他："年轻人，我相信你已经找到了成功的捷径。"

许多功成名就的人都会经历一段不为人知的灰暗时光，这段时光是一个"闭关"成长的过程。有的人能好好地利用这段时光，找到生命中的贵人，所以会在以后的时光里顺风顺水，取得成功。

人生本来就是一个不断成长、不断学习的过程。有些人成功，并不是他们幸运，也不是多么有智慧，而是他们善于从别人身上学到那些自己不具备的能力。

不要总是羡慕别人的成功而不去行动，站在巨人的肩膀上，你才能看到比巨人更远的风景。所以要学会用别人的成功鞭策自己，通过这些人来获得自己的成长。

16 我做对事了吗

我把事情做完了吗

在日常生活中，我们经常会听到这样的抱怨：“怎么办？我已经非常努力了，可是还没有把该完成的事情做完。”完不成工作，不一定是能力的问题，可能是你身上的惰性造成的，所以，你要时刻提醒自己：“我把事情做完了吗？”

如果你今天的事情没有完成，那么你明天的工作依然达不到你的预期。不要把今天的事情留给明天，明天是没有穷尽的，这样不仅降低了工作效率，也会让你变得越来越忙碌。把事情完成，你会觉得这一天过得有意义，下班的时候也不再想工作的事情，不然，你未完成的任务会变成一个上了发条的“小人”，不断提醒你，这会直接影响你的生活。

如果，你对未来已经有了明确的规划，也做好了详细的规划书，同时每个目标都有清晰的时间计划，这时候你应该把重心转移到踏实完成计划上了。只有这样，你才能在规定的时间内把计划完成，才能实现你的理想。

张聪是个野心很大，比较贪婪的人。他做一件事，一旦稍有起色，就会分出点心思筹备其他的事情。也许正是因为这个原因，在组长的位置上他一待就是六年，没有得到升职的机会。

张聪问他的朋友："你说，我怎么老是得不到老板的赏识呢？"

他的朋友说："你应该写下每件事情的完成步骤，并把每个步骤的详细时间写下来，按照计划一步步完成，事情没完成之前，不要想别的事情。"张聪会意地点点头。

后来再见到他朋友的时候，张聪红光满面地说："感谢你的方法，现在我做的每件事情都有始有终，而且也得到了老板的肯定。"不久，他就升职了。

张聪并不是没有能力，只是刚开始的时候没有把事情做完，每一件事情都应该有始有终，否则就会半途而废，永远也达不到你所期望的结果。

有些时候，我们不成功，并不是因为我们没有能力，也不是命运的安排，主要原因是我们的态度，没有做到有始有终，所以才会有诸多不如意的结果。

把该做的事情做完，做完之后，你就会觉得实现了自己的价值。

我把事情做好了吗

一个人的成功之处，不是他把手头的每份工作都按时完成，而是把每件事情都做得很出色。把每件事情都做到最好，是成功人士的一种积极心态。做事情的时候，每个人都想把事情做到最好，达到自己预期的效果，这是一种能力的体现。如果你想在别人面前证明你的能力，那就必须把每件事情都做好。

有人说，我的能力很强，但是缺少他人的积极配合；有人说，我的能力很好，但是缺少领导的充分授权；有人说，我的能力不错，群众都很满意。但事实上，这些人并没有把事情做好。因为，你做事的程度没有做到让领导放心授权；没有做到让别人积极配合你的工作；你做的事情，只能让群众满意而不能让领导满意。所以，当你完成了领导布置的所有工作仍得不到领导重用，得不到更多人支持的时候，你就应该问问自己，是否真的把事情做好了？

对待一件事情，不论它多么难做，你都应该保持一种积极的心态，这样你在做每一件事情时，都充满了激情，把每件事情都当成是一种带薪的愉快学习的过程；对待事情，不要抱怨，或是将这种抱怨转换为一种动力，一种征服它的动力；把每一件事情都当作生命中的最后一件事情去做，这样你就会竭尽所能地做好手中的每一件事。

做事情的时候，不要忘记与身边的人沟通。沟通有时候会启发你的想法，帮助你打开思路；也会帮助你检测这件事完成得是否出色。当你遇到问题的时候，通过沟通你能获得更多的帮助，有助于事情的完善。

当你决定做这件事情的时候，你一定要迅速进行，所谓“趁热打铁”，趁着满腔热血还未消失殆尽的时候，迅速出击，这样不仅提高了做事的效率，也保证了完成的质量。

社会在进步，我们也要不断地更新知识、提高技能，与时俱进。只有不断地学习，才能把事情做得越来越好。

积累关系资源，有利于把事情做好。结交比自己更优秀的人，这样也会让自己变得更优秀；不断储存身边的关系资源，以便可以随时支付；正确处理各种关系，着眼长远。

因此，不要把人生的方向只停留在事情的完成程度上，更需要关注这件事情的完成质量，这样才能时刻督促自己，尽量把事情做到最好，最大化地实现自己的人生价值。

有位年轻人，他对自己的要求很高，无论做什么事情，都想着把事情做到完美。他的人生定位不是把事情做完，而是如何把事情做到最好。

一次，老板布置了一项任务，让他和部门的另一位同事用三天的时间分别完成。其实，公司有个职位空缺，老板是想从两个人中挑选一个，来填补这个空缺。

他的同事只用了一天半的时间就完成了自己的任务，洋洋得意地把自己的工作成果交到老板的手中，并认定老板会肯定他的做事效率。

而那个年轻人却是在第三天的时候才把任务完成情况交给老板。他做这个任务的时候，时刻要求自己把每个步骤都做到最好。

当然，老板把那个空缺的职位给了这位年轻人，因为他任务完成得相当出色，每个细节都处理得恰到好处，没有任何的纰漏。

我们做事的时候，不应该只想着效率，也要考虑怎么做才能把事情完成得更出色。把每件事情都尽力做到最好，会让我们很有成就感，也会让我们更加成功。

我是否从做事中赚到了钱

人和人是有差距的，而这种差距是需要数据来体现的。商人做事是为了赚钱，他不赚钱就会饿死。事实上，大多数人都会经历这样的生存难题，当你感觉不幸的时候，你却看到很多人生活得很安逸。

这个世界上，万事万物都离不开钱的支持，没有钱就失去了生存的资本。这世界上最遥远的距离不是生与死，而是穷人和富人之间的距离，是一种以金钱作为衡量依据的距离。穷人之所以穷，因为他们做的事，并不能带给他们金钱的回报，以至于他们终日碌碌无为，却一无所获，而富人，他们却能从做的事中获得丰厚的回报，所以他们富有。

要想从做的事中有所收获，你就要付出。有付出才会有回报，付出与回报是成正比的。做这件事的时候尽量多和别人沟通交流，从别人那里学习经验，这样就能在别人的建议下将事情做得更完美，从而可以获得更多的回报。

2013年福布斯中国富豪榜上，大连万达集团董事长王健林以净资产860亿元人民币荣登中国富豪的宝座。

王健林一生都在为万达忙碌着。企业成立之初，因得不到计划指标和土地，万达被迫选择以土地改造的方式获得土地，启动了大连市西岗区北京街旧城改造，成为全国第一个进行城市旧区改造开发的企业，首创全国旧区改造的发展模式。20世纪90年代初期，万达年房屋销售量占大连市房地产销售总量的20%以上，在大连房地产企业中脱颖而出。

为了扩大规模，万达实施了跨区域开发战略。

为使企业获得长期稳定的现金流，万达主动进行战略转型，进军商业地产。在全国首创“订单地产”和“城市综合体”的商业模式，成立了商业规划研究院、商业地产建设公司、商业管理公司，形成了完整的产业链和企业核心竞争力。万达广场成为中国商业地产的第一品牌。万达商业地产公司已在全国开业68个万达广场、38家五星级酒店，持有收租物业面积1 290万平方米，是世界排名第二的不动产企业。

王健林之所以让万达这样发展，是因为他深刻认识到，他这样做会赚到很多的钱。所以，他敢于改变，敢于让万达这样发展。也是因为万达，才使得王健林摘得中国首富的名号。

现实社会中，每个人都想在做的事中获得更大的回馈。所以，金钱就成为衡量工作价值的标准。每一件事情的发生都是有原因的，你既然愿意付出精力，肯定是想获得不一样的回报，所以在辛苦的时候，就以资金的数据来安慰自己，以便获得更大的动力。

当你在决定做这件事之前，首先应该衡量这件事会给你带来的价值，你需要花多少的时间与精力才能完成这件事。如果付出与回报不能保持平衡，那么这件事就失去了行动的意义；然后，衡量这件事的难易程度，看它们是否适合自己去做，是否在自己的能力范围之内，否则即使你再怎么努力也不会在这件事上获得令你满意的结果；和你身边成功的人交流经验，多听取他们的意见与建议，这样你就能更清楚地知道什么事可以做，什么事不值得做。

要为你决定好的事情付出努力，你要知道，这不是为别人而活，也不是为了别人在奋斗。你要活出自己的样子，要充满自信，只要积极向上，努力拼搏，你就能从中获得令你满意的回报。

所谓从做的事中赚到钱，并不是说让你成为一个富豪，但至少要让你衣食无忧。如果你从事一份工作能让你赚到很多的钱，但却让你出卖自己的灵魂或是牺牲身体健康，那么就是付出与得到不能保持平衡，那么这个时候，你就应该考虑换份工作了。

我在做事之余是自由的吗

生活中我们常常看到一些人活得很潇洒，他们做着自己喜欢的事情，而有的人，却活得很疲惫，每天都在为生存奔波。

事实上，每个人除了有一定的工作时间之外，其余的时光都是可以自由支配的。有时候，我们该停下来反省一下自己，对做这项工作之外的时间是否具有主动权。每个人都是时间的主人，在规定的时间做规定的事，这样的人生才不留遗憾，才能过得轻松惬意。

当你在下班的时候仍然留在公司加班，或是把工作带回家里时，其实你正在走入一种误区。你的工作抹杀了你大量的自由，你不能陪朋友聊天，不能陪家人吃饭、看电影，甚至不能得到充分的休息，每天都要为工作忙碌到深夜。你的生活就像游戏“植物大战僵尸”，工作如同一波又一波的僵尸，永远让你没有停下来喘息的机会，这样的生活真的是你想要的吗？你真的不想有自己的时间吗？你愿意让这个基本的自由都被现在的工作剥夺吗？

当你面临这些问题的时候，你应该想到的是，自己是否合理安排过时间？这只是导致你现在忙碌的原因之一；另外，你的能力是否适应这份工作，如果这份工作超过了你的能力范围，你就会比别人用更多的时间才能达到预期的效果，而你的努力在那些有能力的人看来只是在浪费时间；最后，你是否对这份工作有充足的准备，是否储备了大量的可用资源。随着社会的进步，不断更新自己的知识和技能是非常必要的。

姜晨大学刚毕业的时候，在一家公司做销售。刚开始他对这份工作并不了解，只是凭借一股热情和对社会的强烈好奇心而工作。

工作一段时间后，他在工作中没有任何的业绩，感觉很受打击。为了让自己有所成就，他每天提前一个小时上班，下班后也把未完成的工作带回家，有时候会工作到凌晨一两点。公司的同事都说他每天都处在没睡醒的状态，整日昏昏沉沉的。他也觉得自己太累了。不仅如此，而且没时间陪自己的女朋友，这也让他很苦恼。

一个月后，他离开了这家公司，去了一所私立学校当起了化学教师。化学是他的强项，所以工作起来比较得心应手，每天都会有大量的闲暇时间。这样，他不仅可以陪自己的亲人和朋友，还有充足的时间为公务员的考试做准备。他每天都很快乐，生活也变得轻松惬意起来。一个学期后，他因为出色的教学成绩受到学校的奖励，这让他感到很满足。

留给自己足够的时间做自己的事情。没有人会比你更清楚自己的能力，所以，在从事一件工作之前，你应该对这个工作所需要的能力进行分析，然后根据自身的条件判断自己是否适合这份工作。工作中，你应该合理安排自己的时间，对工作有好的时间规划，这样你就能在规定的时间做规定的事情。在工作的过程中，要提醒自己及时充电，只有不断地完善自己，才能不断地更新自己的知识储备，在工作中也会得心应手，就能在工作的时间内完成相应的工作。

要学会善待自己，多留点时间给自己，不要挑战身体的极限。

我所做的事能够实现我的梦想吗

我们时常在仰慕那些成功的人时，发出一种叹息，“为什么成功的只是别人?”他们之所以成功，跟他们所做的事情是分不开的。如果你做的事情与你的梦想相差甚远，那么你就没有做对事，这样永远无法实现自己的梦想。

就一件事而言，如果你做这件事情的时候并未考虑它和梦想之间的关系，或是你只是单纯地做这件事，那么很可能这件事对你来说就失去了意义。每个人都有梦想，梦想是通过你所做的事情体现出来的。为了不让我们的行为偏离了预期的路线，所以在做事情之前，或是做一个重大的决定之前，我们都需要考虑，这件事情是否对实现我们的梦想有重要的意义，这个决定是否会拉近我们与梦想的距离。

在做事情之前，首先应该分析这件事情的意义在哪里？是否会促进我们梦想的实现？怎样做才能实现目标的最大化？当然，一旦确定了这件事情的意义，就应该投入全部的精力，力求把事情做到最好。

方文山是周杰伦的最佳搭档，也是台湾的著名词人。方文山原本是台北近郊一位不得志的青年，为了圆梦而在台北市苦苦打拼。刚开始工作的七八年间，他做过防盗器材的推销员，送过外卖，生活不但艰辛，而且他发现离自己想成为音乐人的梦想越来越遥远。

当他意识到这一点的时候，他就开始拼命地创作歌词，希望可以实现自己的梦想。他把自己的作品分寄到各个唱片公司和音乐人手中，因为他知道只有这样做才有可能实现自己的梦想。

虽然每次寄出的作品都会石沉大海，但他一直没有放弃。他知道，只有这样做才能让别人发现他的存在，自己的作品才能得到认可，梦想才能实现。终于在 1997 年 7 月 7 日凌晨一点半，方文山接到名嘴吴忠宪的电话，邀请他到自己新成立的工作室任职。就这样他认识了周杰伦，两个人成了一对优势互补的黄金搭档。就这样方文山在人才济济的社会中脱颖而出，成为一名金牌创作人，实现了自己的梦想。

方文山之所以成功，这与他一直以来坚持做与梦想有关的事情是分不开的。如果他当初一直做推销员，或是一直在送外卖，那么就不会有著名词人方文山。所以，能否实现自己的梦想，关键看我们走的路，我们做的事是否能有利于实现梦想。

梦想就像是树上的一颗苹果，你只要跳起来就能摘到它，但如果你跳都不跳一下，永远只是看着这个苹果，等着它掉到你的头上，而这是不可能的事情。

在逐渐流逝的时光面前，为了梦想，你又做了什么呢？

所以，不要再抱怨自己的梦想得不到实现，那是因为你从来没为梦想真正努力过。当你真正做一些与梦想有关的事情，并为此倾其所有付出的时候，即使面对困难依然坚持不懈的时候，你就会忽略时光的流逝，当你抬起头就会看到梦想的曙光正在你前方一触即得的地方。

每件事情的发生都是有原因的，找出生活中跟梦想有关的事情，然后完成它，这样你就可以避免把时间浪费在无关的事情上，同时也不会错过抓住梦想的机会。

第七章

幸福公式：生活质量=未来蓝图

——终极导航幸福的彼岸

镜像人生：《当幸福来敲门》

“我就是这样一种人——你向我提问，如果我答不上来，我会告诉你‘我不知道’，但我保证我清楚该如何找到答案，我会找到答案的。”克里斯说。

克里斯在28岁的时候才见到自己的父亲，所以他当时就下定决心，有了孩子之后，一定要在孩子心中做一个好爸爸。为了给儿子一个安定的生活，他每天拎着四十磅的机器四处奔波，穿梭于各大医院之间。但是生活仍然逐渐让他觉得失去希望，这才激起他对最初梦想的坚持，最终凭借着自己的执着和非凡的语言表达能力，在一个小小的模仿的帮助下，最终进入一家股票投资公司实习。

但是六个月的实习期间并没有薪水，而且在众多实习生中最终只有一个人可以成功进入股票投资公司。为了实现自己的梦想克里斯决定在那条通向幸福的路上走下去。为了省钱，每天晚上他带儿子去住收容所，吃饭也是靠救济，但这些并没有把他打倒，他们相信幸福总会落到自己的身上。最终，克里斯凭借着非凡智慧和不懈的努力，终于成功进入股票投资公司，迎来了他人生中通往幸福的“班车”。

生活中的你面对工作的时候是什么态度？拥有梦想，更要有为梦想奋斗到底的勇气。

千万别对自己说：不愿、不会和不敢，生活中处处蕴藏着成功的机遇。做自己不会做的事，就是成长；做自己不敢做的事，就是突破；做自己不愿做的事，就是改变。从现在起，“硬着头皮”遇见你的未来。

17　成长：做不会做的事

生活中总有一两个你“不会”的领域

生活中，总有一些事情会让你束手无策。面对这些事的时候，你不应趴下来躲避，也并非什么都不做，一味地袖手旁观，而是应由此积累你的知识、能力和见识，使自己迅速得到实际性的成长。

每个人的能力都是有限的，所以，生活中遇到不会做的事，是非常正常的。就像是身处暗夜森林，前方的路途不明，处处布满危机。这时有些自以为聪明的人就会待在原地，静静地等着天明。而有的人则勇敢地挺身而出，摸索着向一个方向前进，这样他就比另一些人多了些黑暗行走的经验，也不至于浪费自己的时间。

如果遇到不会做的事情就果断放弃，那么你的知识与能力又怎能得到提升？在面对不会做的事情的时候，不要急于宣布自己不行，冷静点，分析不会做这件事情的原因，向出色完成这件事的人请教经验，然后总结方法，以便下次再遇到这种事情时可以轻松地面对。

不要害怕尝试，只要尝试，即使失败也会让你印象深刻。面对这件事情的时候，你要清楚地认识到自己的不足。为什么不会做？还有哪些方面需要补充？怎样才能把这件事做好？这些是非常严肃的问题。做不会做的事情，本身就是一种成长，一种知识的积累。

有位著名的质量研究专家，应美国一家名不见经传的小厂总裁的邀请，去他们公司讲解如何更好地提高工作质量。专家见到总裁后，什么也没说，只是递给他一张白纸，并要求对方写下六件他目前不会做的事。总裁很为难，他一直是个很清高的人，更何况现在处于这个位置，让他写不会做的事，而且还是六件，这的确让他很头疼。但他依然按照专家的指示做了，不一会儿，就把这张纸交给了专家。“这些纸上写的事情都是你的‘不足’，只有清楚地认识到自己的‘不足’，才有机会成为更好的自己，对待公司也是一样。”专家说。

总裁听完专家的话感觉很有道理，连连点头。

专家接着说：“把这张纸装进你的口袋里，没事的时候拿出来看一下，并想办法解决。同时告诉你身边的每个职员都这样做。”

半年之后，专家收到了一封总裁发过来的信以及一张 2500 美元的支票。这位总裁在信中写道，那是他人生中最有价值的一节课。五年后，这个不知名的小厂，一跃成为当时最大的一家国际企业。

生活，就是一条不停行走的路，路上会见到一些人，遇到一些事。把那些陌生人一个个地变成熟人，把那些没经历过、不会做的事经过自己的摸索，一件一件地完成，这就是人生，就是成长。

当遇到不会做的事情，你是否对自己失去了信心，感觉自己不如别人？其实，世界上没有绝对的难题，只要你肯努力，做事的时候愿意和别人交流，就一定能完成。等你回过头来再看这件事情的时候，你就会觉得不过如此。

在我们每天需要完成的事务中，会有很少一部分让我们觉得找不到打开的“钥匙”，这些正是我们成长过程中必须面对的一部分。这些难题，让我们学到更多的知识，也让我们内心变得更强大。这样才足以支撑着我们走以后的路。

把“不会的事”当垫脚石

人生的道路上往往会遇到种种困难，有的人选择了绕道而行，而有的人却选择勇敢地去面对、去克服。虽然第二种人行走的过程可能比较艰难，可他比第一个人的收获却多得多。其实，你之所以感觉困难，只是因为这些对你来说，都是一些新的事物，也是你通向成功的“垫脚石”。

绕道的人永远不会做出伟大的事情来，因为一遇到不会的事情，他们能想到的词就只有“放弃”，那怎能取得更高的成就。不仅如此，他们还会失去很多的机遇。相反那些面对“不会做的事”，唯一想到的就是去面对、去克服的人，就会收获成功的喜悦和许多的知识，一份付出就会得到一份回报。

工作中遇到棘手的事情，聪明的人会动用身边的一切力量加以解决，而平庸者，要么放弃，要么就拿着别人的答案“照抄”。等下次再遇到这种事情的时候，依然采取同样的办法，这样的人，人生永远是处在“半格电”的状态。

你需要做的就是及时地给自己充电，这样才能有能量面对以后的挑战。不要刻意回避那些你不会的东西，没有它们，你怎么一步步地向上攀登，怎么能够得到成功的果实。

曾有记者采访一位被美国8所著名大学录取的女孩。

记者问女孩：“你在实现梦想过程中遇见不会做的事情怎么办?”

她回答说：“认准自己要做的事情，把其他事情简化，集中精力，坚持不懈，这样即使再困难的事也就容易克服了。”

记者又问：“你从不会做的事中得到了什么？”

她说：“得到了自信，得到了勇气，感觉离成功越来越近，同时志向也越来越高远。”

一个被美国8所著名大学录取的人，一生中就是一直靠克服不会做的事来得到自信、勇气和志向并取得成功的。

她只是一个普通的小女生，没有像爱因斯坦那样异于常人的智商，也没有比尔·盖茨那样富有的后盾，她拥有的只是自己永不放弃的毅力，把生活中“不会做的事”都踩在脚下当作垫脚石的勇气。就是通过这样不断的积累，才会让她的内心变得如此强大，才能让她有今天的成绩。

应该相信：我们现在碰到的每一个困难和问题，在世界的某一个地方一定出现过，而且有的人已经找到了解决的办法，并迅速地将它解决，我们需要做的就是自己找到处理这件事情的方法。或者告诉自己，只有学会做这件事情，你才能成功，才能得到你所期望的一切。你也可以拿一本名人传记，看看那些名人在生活中遇到不会做的事情是怎么解决的。完成一件事的方法有很多。总之你要坚信一句话“世界上没有不会做的事，只有不愿意做的事。”

当那些你觉得搞不定的事情降临到你头上的时候，你就觉得自己是世界上最不幸的人，可是，谁没有过这种经历呢？谁说过人一生下来就要什么都会呢？成长的过程就是一个充满挑战的过程，不然怎么获得更多的资源。

那些“不会做的事”对你来说，只是一块发烫的垫脚石，如果你被烫跑了，那你就永远站在下面，自然看不到远处的风景；如果你忍着烫踩上去，虽然磨损些脚皮，可你却获得了更高的层次。

“干中学”是最有效的成长

人的一生需要经历几段不断成长的过程，才能褪去年轻的绒毛，在广阔的天空中振翅飞向远方。

出生以后，在父母的精心养育下，在同伴的陪伴下，我们快乐地成长；踏入学校后，在老师的言传身教下，我们在知识的海洋中汲取大量养分，不断地丰富自己的才学，这是第二次成长；第三次，是在我们成年后，在工作中获得经验，开阔眼界，也叫“干中学”，这是人生中最有效的成长。

工作占据了我们人生中大部分的时间，在这个时期我们的身体、知识、思想都已达到一个相对成熟的时期。但毕竟我们的人生是对社会而言的，那些在家庭、学校里的成长只是我们进入社会的一张通行证，而真正对我们以后有所帮助的还是我们在工作中获得的成长。

在工作中，你会发现周围的同事都在兢兢业业地对待自己的工作，这时候你便会收敛自己的那点小浮躁，踏实地对待这份工作；工作中遇到不会的事情，你要学着主动与别人交流，这样就培养了自己的交际能力；看到别人在工作中取得了成就，你要督促自己更加努力，争取也获得别人那样的殊荣，这就会让你学会对待每一件事情都会非常努力，这些变化，都是你在工作中获得的成长。

英国有位残疾人，他虽然行动不便，但已经是一位著名的企业家了。

是什么力量让一位残疾人在世界的舞台上都能拥有自己的一席之地呢？起初他也因为自己的残疾对这个世界失去了信心，感觉自己这一辈子不可能再有任何的突破。

就在他以为自己的人生成长之路就要止步的时候，他的父亲用所有的积蓄为他开了一家书店，从此他的生活便有了寄托。因为工作的关系，他每天都会接触形形色色的人，从他们身上他得到快乐，觉得世界对每一个人都是公平的。

他每天都要记录这一天的书流量，对每本书都做好标记，这样当别人需要的时候，他一下子就能找到这本书的位置，这件事让他觉得在为别人提供帮助的同时自己也很快乐。

就这样，这份工作让他越来越喜欢与别人交流，越来越自信，也越来越懂得感恩。他觉得，正是因为他的工作才让自己变得成熟，变得有内涵。他书店的生意越来越好，后来他扩大经营，然后利用赚来的钱又涉足其他的领域，就这样一步步让自己变得强大。

在工作中，身边人、身边事，无时无刻不让你受到触动，受到影响。工作中很多事情都是要求“零失误”，就是因为这样严格的要求，公司每个人的工作，无论是繁杂还是简单，有趣还是枯燥，都必须全身心投入。周围同事在工作中的那种积极、认真的态度感染着你；那种做好每个细节的敬业精神也会给你留下深刻的印象；那种孜孜不倦的追求精神影响着你对人生对知识的态度。很快你便深刻地认识到：只有不断地学习才能不断地成长进步。

学习的力量是无穷的，成长的道路是长远的。那些最基础、最实用、不通过工作难以学到的本领会让你受益匪浅。在工作中学到的经验是指引你打开时间大门的钥匙，让你不断成长，不断进步，不断地提高自身素质。

在工作中不断地学习，在学习过程中，才能不断成长。

做不好不是水平问题，是态度问题

看到花开花落，南唐后主李煜低吟的是“落花流水春去也，天上人间”的沧桑，而书生意气的毛泽东却高唱出“看万山红遍，层林尽染”的豪迈。李后主在抑郁中客死他乡了，而毛泽东却组建了金戈铁马的队伍，开辟了一个新的“世纪”。所以历来的成功者一致认为，事情做不好不是水平问题，是态度问题。

态度决定一切。当你用消极的眼光看待这个世界时，那么世界上的一切都让你觉得不和谐，什么问题对你而言都是难题。但如果你对自己充满自信，觉得世界十分美好的时候，那么在做一件事情的时候你就有“一切都不是事儿”的感觉，所以你就有80%的希望会取得很大的成功。

培养好的态度是非常关键的，但是怎样才能培养自己好的态度呢？首先就是在做每件事或从事每项工作之前都应有明确的计划和目标。目标确立后，应“耳听八方”，接触大量讯息；其次是培养敏锐的洞察力；其三是训练自己的判断能力，能在短时间内判断出什么是适合自己的工作，且其有什么意义；其四是要自我反省，检查自己是否依据计划在做事；其五是保持好奇心，培养丰富的想象力；最后一点就是，在生活中多交一些益友，以获得朋友的帮助和积极态度的相互感染。

叶婷现在是一家公司的设计总监。三年前，她还只是一个在街头看着一张张招聘报纸，漫无目的找工作的小青年。叶婷从事每一份工作，只要稍微遇到一点儿困难，她就会对自己失去信心，总觉得这不是自己的能力所及的事情。所以，一直以来，她都觉得自己的水平不高，对稍微困难的事情都驾驭不了。

就在她郁郁不得志的时候，她遇到了一位从事心理学工作的老朋友。当她问到叶婷现在的情况时，叶婷把所有的事情都一五一十地说给她听，希望能从她那里得到帮助。

同学听完她的叙述后，对她说：“你为什么觉得自己做不好？其实你是有能力的，只是你对事情的消极态度影响了你的发挥，你在内心里一直觉得自己是个没有能力的人，所以你理所当然会失败。如果你在做每件事情之前都告诉自己，这件事情可以完成，并保持积极地态度对待这件事，你就会发现，困难并不是像你想象的那样强大，你也不是像你想象的那么没水平。”

从那以后，叶婷开始试着调整自己对事情的态度，不久之后，她便找到一份工作，两年后，就被提升为公司的设计总监。

当有些事情你觉得自己无能为力，有些困难你觉得无法逾越，想放弃的时候，这实际上是对自己的一种放弃，是对人生坎坷的一种妥协。有一点你需要明白，真正为难你的不是你的水平、能力的局限，而是你自己的态度，不自信的态度让你把这些生活中的难题无限地放大，直到最后真的变成让你无法跨越的鸿沟。

态度是需要你自己调整的，你对生活积极、乐观，你的自信就会给你藐视一切困难的力量。犹如下雨天路面积水里的倒影一样，只是自欺欺人的一种幻境，有的人却不敢踏足，只能绕道而走，有的人却能毫不犹豫勇敢地踏过去。

生活就是如此，你强它就强，你弱它就弱，关键看你的态度。有些事情其实与你的水平高低没有关系，只要你想，你就会想尽一切办法去完成。所以，不要让消极的态度放大你的生活，积极起来，尽量做好身边的每一件事。

克服畏难心理，放手尝试

人生不能永远直线向前，在通往成功的路上总会遇到很多不尽如人意的事情，这些事或多或少都会让你产生一些畏惧感。这是谁都会遇到的难题，这些难题并不可怕，可怕的是你会因此而退让，缺乏克服畏惧心理而去放手尝试的勇气。

做自己命运的主人，必须进行理性的冒险。在面对困难的时候，我们每个人都会显得有些局促不安，如果长此以往的话，你非但不能勇敢地与困难搏斗，还会让自己变得越来越胆怯，越来越没有自信。特别是生活中那些胆小害羞的人，遇到哪怕一丁点儿的困难，就恨不能立即跳到几千里之外，找一个安全的角落躲起来。这是因为他们缺少战胜困难的勇气，所以只能在困难面前低声下气地做个生活的“小人”。

在困难面前你要有扫平一切的勇气，要有“那都不是事儿”的魄力，这样才能在生活面前展示你的强大。要想达到这一境界，首先，要让自己的知识丰富起来，这样你才能拥有足够的能量战胜那些难题；其次，要多和那些勇敢的成功人士交流，以此获得更多的勇气和经验；最后也是最重要的一点就是培养自信，只有相信自己有挑战困难的实力，你才会迈开尝试的第一步。

只有迎难而上，勇敢地尝试，你才能有所收获，才会获得更大的成长。

姜昕从事的是电话销售工作，她每天要打100个电话，目的就是让这些客户满意自己的服务，并接受自己推销的产品。姜昕觉得每天打100个陌生的电话，还要时时被拒绝，真是一件令人可怕的事情。

她在工作的时候时常不敢拿起电话，要么拿起电话手就发抖；有时候与客户交流的时候也是磕磕巴巴、语无伦次；有时候或是东张西望，或是盯着资料发呆。当经理从她身边走过的时候，这种恐惧感会更加强烈，有时候甚至还会拨错号码。

当经理看到她这种表现，就把她叫出来对她说："不要害怕，别人拒绝你很正常，但你要清楚，这种拒绝更是锻炼自己的机会。再者说，别人也不认识你，即使被拒绝，也没什么难堪的。总之，你的语气还是不错的，很多同事都说你声音很甜，只要你愿意，我相信你一定会做得很好。"经理鼓励她说。

姜昕是个很有上进心的女孩，当她听到经理的鼓励后，顿时信心倍增，觉得有些东西总要尝试的，现在如果离成功有100步的距离，只要勇敢地迈出第一步，那么剩下的99步就会非常轻松。

一个月后，姜昕不仅适应了这份工作，而且业绩也取得了突飞猛进的进步。

演员葛莱恩·福特曾说过："如果你不去做你所畏惧的事情，那么恐惧将会左右你的人生。"

其实，有些事情，在你没尝试之前，你会把它想象得过于强大，一味地觉得自己无法超越，于是果断放弃了。但等你尝试后，你就会发现它并不像你想象的那么强大，即使失败了，你也会从中得到启发，同时你可以向别人证明，你不是一个"熊包"。

当你缺乏勇气的时候，一定不要回避那些能让你变得自信的事情。敢于尝试那些你认为困难的事情，如果获得成功，你就能变得更加自信，即使失败，你也能知道自己哪里不足，哪里还需要改进，这对你的未来都是有好处的。

困难有时候就像一个“纸糊的老虎”一样，如果你只是远远地观察它，那么你就只能被它的样子吓得连连后退，但如果你勇敢地走向前，用手一触，你就会发现，之前的恐惧都是在浪费自己的感情。

有些事情，只有勇敢地“走进去”，才能获得更大的突破。不要让胆小成为你抓住成功机遇的牵绊，勇于尝试，才能克服这种畏惧心理，增强自信，让你在生活面前变得无坚不摧。

18　突破：做不敢做的事

当遇到需要突破自己的事，你要感恩

也许你现在正处在一个知识与能力都相当不成熟的时期，可是有时候生活会把你带到一个未知的领域，这时候你会发现原有的知识与能力不能解决你正在面临的事情，所以你会因为害怕失败而不敢去做。此时你要敢于突破自己，这样才能使自己进入一个更大的领域，才会为你的生活带来更多的收获。

如果你的生活一直平平淡淡，不会遇到什么让你觉得很困难、不敢做的事情，那么你的一生只会停留在这个高度，不会再有任何进步。

只有遇到那些你不敢做的事情，你才能清晰地认识到自己并不像想象的那么完美，才会意识到自己还有可以进步的空间，所以才能有针对性地给自己补充能量，不断地超越自己，不断地进步，才会让自己变得越来越强大，越来越成功。因此，你需要感谢那些你不敢做的事，使他们让你遇到更好的自己。

遇到困难时，不要去抱怨。你要分析这件事为什么让自己觉得困难？自己还有哪方面的欠缺？做成这件事情你会得到什么？然后通过看些名人传记为自己的身体注入一些新鲜的“血液”，来帮助自己渡过难关，反复告诉自己，把这件事情做成之后会得到哪些想要的收获，培养自信。如此，你就能愉快地接受这件事情，感谢生活为你提供这次挑战自己的机会。

巴菲特说，当有人逼迫你去突破自己时，你要感谢他，他是你生命中的贵人，也许你会因此而改变和蜕变。当没有人逼迫你时，请自己逼迫自己，因为真正的改变是自己想改变。蜕变的过程是很痛苦的，但每一次的蜕变都会有成长的惊喜。

这个时候你不要抱怨命运为你设立了那么多的路障。

有一个公司的老板来找一位退休在家的老企业家，他说自己现在的公司遇到了瓶颈，生产的产品越来越得不到顾客的认可，想向老企业家请教一下解决的办法。

老企业家听完他的描述，并未作出任何回应，只是对他说："公司面临的瓶颈就是老板的瓶颈，你若无法突破自己，公司也就不会有所突破。"

他听完老企业家的话后，并不是十分的明白，于是继续问："那我应该怎样突破自己？"

老企业家说："你不会开除你的员工，这样你就不能为公司注入一些新鲜的血液；你不能接受别人对你的指责和建议，自以为是，那你又怎么能得到更好的解决办法。"

这位老板回到公司后就开除了那些整日游手好闲、对工作不负责的人，然后又召开会议，让与会者畅所欲言，对大家提出的意见都仔细地分析。一个月之后，这家公司又重新在市场上站稳脚跟。

人都是在不断的突破中成长的，只有突破才能让你变得更加完善，所以，应该感激生活中那些让你突破自己的事情，是它们让你看到自己的不足，让你变得更强大。

有一句话说得好，“人最大的敌人不是别人，而是自己。战胜别人容易，战胜自己却难。”

人，只有不断超越，才能不断成功。就像《汪洋中的一条船》这本书中的主角郑丰喜先生，他就是一位能突破现状，超越自己，追求更完善人生的人。他不因双腿弯曲不利于行走而成天自怨自艾，反而凭着毅力、信心向自己挑战。虽然也曾遭到失败，但他以信心做动力，以毅力当前锋，终于战胜了自己，战胜了双腿，成为一位超越自己的成功者。

用感恩的心态活在这个世上，试着接受，然后改变自己的修为，很快你就会超越巅峰，超越自我！

赶走你心中那个“不敢做”的鬼

所谓不敢做，就是在真实和想象的危险中，你感受到的一种强烈而压抑的情感状态。它会让你的神经高度紧张，内心充满害怕，注意力无法集中，脑子里一片空白，不能正确判断或控制自己的思想，从而产生自卑感。

事情不会因为你的恐惧心理，不会因为你不敢做，就自动地降低难度系数，你若不勇敢面对，谁替你坚强？在这个现实的社会中，你唯一能依靠的人就只有你自己而已。所以，不要妄想着有人帮助你解决生活中你不敢面对的事情，不要纵容自己做个生活中的胆小鬼，勇敢点，就算遍体鳞伤又何妨。

每个人心中都有这样或者那样不敢做的事情，我们应该刻意地去克服这些恐惧感，而不是一味地逃避。例如，当你和别人交流不敢看对方的眼睛时，可以先注视他的额头或者鼻子，然后再慢慢试着去看对方的眼睛，时间长了就不再害怕了。

怎样赶走心中那个“不敢做”的鬼呢？首先要提高对事物的认知能力，扩大认知视野，判定恐惧源。认识客观世界的某些规律，认识自身的需要和客观规律之间的关系，确立正确的判断标准，提高预见力，对可能发生的各种变故做好充分的思想准备，就会增强心理承受能力。

其次要培养积极乐观的人生态度和坚强的意志，可以通过阅读英雄人物的事迹，用英雄人物勇敢顽强的精神激励自己的勇气。在平时的工作和生活中多选择些艰苦的环境磨炼自己的意志，培养勇敢顽强的精神。这样即使陷入了危险之中，也不会变得不知所措，而是去勇敢面对。

另外，平时多参加心理训练的活动，提高自己的心理素质。例如模拟一项不敢面对的危险的事情，设置各种可能遇到的危险状况或是后果，进行有针对性的心理训练，形成应对危险情境的预期心理准备状态，就能有效地战胜紧张和不安等不良情绪，增强面对困难事情的信心和勇气。

有一位个体公司的老板，他的公司一直经营得很好，所以很多朋友都劝他扩大规模，这样能让公司创造更多的利益。

其实这些他不是没想过，只是觉得要扩大规模就需要投入一大笔资金，如果效益不好，这些资金就会血本无归，到时候，他真的会很惨。

当时正是公司最鼎盛的时期，不会出现他所担心的那些问题，对于这点他也很清楚，只是内心被那种强大的“恐惧”占据着，让他不敢面对哪怕一丁点儿的风险。

又过了一段时间，在朋友与家人的劝说下，他决定扩大公司规模。他想，怎么说自己也是一个男人，不能被别人看扁了。

公司扩大规模后，很快便拥有了大量的新合作商，公司的效益也是之前的好几倍。几年之后，这家名不见经传的小公司慢慢地在市场上发展壮大起来。

如果当初他没有赶跑心中那个“不敢做”的鬼，也就不会取得今天的成就。每个人都有要强的一面，只是有些时候这一面不容易被挖掘出来。这需要你不断地鼓励自己，不断地增强自信，才能做到突破自己，把心中的那个“胆小鬼”赶出去。

不要让心中的“胆小鬼”占据了你的生活，它会掩盖你真正的实力，也会让你失去抓住机遇的最佳时机，并使你变得消极。所以，你应该做的就是赶走你心中那个“不敢做”的鬼，让你的生活步入正轨。

最坏的结果，决不会比你想象的更可怕

有时候我们不敢做一件事情，不是因为我们不具备相关的能力，而是那可怕的、毫无依据的想象，把这件事的后果想得特别糟糕，让我们面对眼前这个面目全非的“怪兽”的时候，产生了一种极其恐惧的心理，所以才会在做这件事之前，就把它强烈扼杀在我们放肆的想象中。

人的思维真的是一件很难捉摸的事情，你永远不知道下一秒会出现什么，所以不要再用发散性思维去想象那些你未尝试，却又不敢尝试的事情，否则它会把你那一点可怜的自信击得粉碎。它所分析出来的结果，永远会比现实最坏的结果还要可怕。

所以，当你面对一件不敢尝试的事情的时候，不要让想象模糊了你的双眼，你需要做的只有勇敢面对，亲身经历的结果永远比想象更有说服力，别让想象吓退了你前进的脚步。

做一件事情之前，你应理性地分析它的难易程度，需要什么样的解决方法，然后制定一个明确的计划，一步一步地去实现。多和那些积极的朋

友交流，用他们的积极心态来鼓励你，感染你，给你战胜困难的自信和勇气。另外，还应多积累一些相关的知识和经验，这样你就有足够的能力来应对。

小康是一家实业的董事，是当地最年轻的一位企业家。

他出生在一个朴素的农民家庭中，祖祖辈辈都是守着自家的一亩三分地生活，他是家里唯一一个上学的孩子，也是家里唯一的一个男孩。

2005 年小康考上北京的一所大学，大学毕业后，其他的同学都找到了不错的工作，只有他，一个一无所有的农村孩子，放弃了办公室的生活，选择创业。

在大学的时候他经常利用休息的时间和假期出去打工，所以积累下一点数额不大的积蓄，这每一分钱，都是他辛苦攒下来的血汗钱，他打算利用这些钱去创业。

“如果赔了，你将一无所有，那时候你再想找一家好的企业就难了。”朋友这样劝他说。

这些他不是没想过，在这个城市没有强大的靠山，也没有广阔的人脉，如果自己失败了，就没有任何可以东山再起的机会，就只能回家种地了。

但小康知道他不能放弃，如果不去尝试，连得到“最坏”结果的资格都没有，他也相信自己有能力成功，所以，他决定还是自己创业。虽然也遭受过失败，但后果远比他想象的要好得多，所以他决定不放弃，因为只有尝试才有成功的希望，只靠想象的话，得到的就只能是份奢望。

几年之后，他拥有了现在的大型企业。

当有人问他，为什么会这么成功的时候，他说：“因为我只相信我得到的结果，现实中最坏的结果，都没有想象的可怕。”

不要让你虚构的结果影响了你的行为，成功不是你坐在那里仰望天空就能实现的，是需要你一点一滴地奋斗才能得到的。不要再为你的胆小找借口，即使失败，还可以从头再来，只有行动起来，才能得到一些实际的对自己有帮助的经验，而这些都是幻象给不了的。

如果你现在还没达到自己的预期，你还有什么理由逃避那些你不敢尝试的事情，只有勇敢地尝试，才能突破自己恐惧的心理，才能在行动中得到意想不到的惊喜与成功。即使结果不是那么美好，那也比你想象的要好得多。

用你现在所没有的能力去努力

人人都希望自己是一个无所不能的人，这个世界上不会有人愿意被别人称为“一无是处”，但是你所有的能力不是与生俱来的，都是通过努力才得到的。

能力，就是指顺利完成某一活动所必需的主观条件。能力是直接影响活动效率，并使活动顺利完成的个性心理特征。能力总是和人完成一定的活动相联系的，离开了具体活动，既不能表现人的能力，也不能发展人的能力。

当你意识到自己缺乏某种能力的时候，你应督促自己的行为，为获得这种能力去努力奋斗，以达到你所期望的效果。众所周知，能力是解决一件事情的必要前提，一个没有能力的人是不可能获得成功的。但是能力并不是有限的，社会是一个大课堂，它无时无刻不在向我们传递它的能量，我们能做的就是为我们没有的能力去努力，这是追求的一种方向。

想要用你现在没有的能力去努力，首先，你应该知道现在自己缺乏什么样的能力，然后多读一些书，多参加一些相关活动，多和别人交流，这样就能从别人身上学到一些获得能力的方法。最后就是多学习些技能，通过反复训练，才能获得自己不具备的能力。

小笛是公司里的传奇人物，也是公司中能力最强的一位白领阶层的人物。她与别人谈判的时候，能在五分钟之内猜透别人的心思，除非对方一言不发，所以每个项目只要她出马，只要能见到对方的面，她都能找到让对方签下订单的理由。

公司所有的人都很佩服她，觉得这就是她的超能力。但每当别人谈起她的超能力的时候，她总是笑而不语。

她刚进这家公司的时候，一个月之内没拿下一笔订单，这让她很是挫败。她跟老板辞职的时候，老板告诉她，失败的原因并不是她的能力不足，只是因为她不具备洞悉别人意图的能力，这种能力是可以通过努力得到的。老板愿意再给她一个月的时间，希望她能通过努力获得这种能力，因为老板觉得她是一个很有潜力的女孩。

就这样，她留了下来。她每天跟很多人交流，观察别人的表情、动作，还有说话的语气，通过这些表现揣测对方的想法，还经常到图书馆看一些心理学方面的书籍。通过不断的努力，她终于成功地把这种高深莫测的技能变成自己的能力，得到了老板及公司所有人的肯定。

当你想拥有什么能力的时候，肯定是因为这种能力刚好是你不具备的。为了获得这种能力，你必须朝着这个能力非常努力才可能获得。

列宁登山锻炼意志力，毛主席闹市读书锻炼定力，康熙狩猎锻炼意志，林肯辩论锻炼口才（原本口才不好，有些结巴），乔丹锻炼中投（之前人们说他只会突破），这些名人之所以能最后获得能力，得益于之前不断地努力。

不要再抱怨自己的能力不如别人，当你知道自己不具备哪些能力时，你才能通过自己的努力获得，这样才会让你在人生道路上有进一步的突破。

最好的感觉是自我突破后的成就感

每个人都有遇到挫折的时候，但千万不要因为一时受挫，就对自己的能力产生怀疑，进而形成一种压力。当这种压力积聚到一定程度的时候，你就会变得暴躁，变得容易冲动。你应该做的是要有直面这种挫折的勇气，成功后你就会觉得自己瞬间变得强大，你就会为自己做成了这样一件事情感到开心、愉快，这就是成就感。

当你遇到一件十分具有挑战性，让你不敢做的事情时，你通过自己的努力达到了预期的目标，这个时候你就会觉得自己很了不起，觉得自己实现了人生的突破。就像你在山脚下仰望一座高山，觉得自己肯定不能到达山顶，因为它的高度超过了自己所能到达的极限，但是当你经过艰难跋涉，最终站到山顶，俯瞰山下的一切的时候，你就会觉得全身心有一种前所未有的愉快。

当你遇到困难的时候，应该保持头脑清醒，并勇敢地面对现实，冷静地分析这个事情的性质，怎样才能解决？自己还欠缺什么能力？然后及时补充。克服自卑心理，树立自信心，每天在心里默念“我行，我能行”，多向别人请教方法努力让这件事情的发展达到自己的预期。

邢燕是一个内向的女生，她在学校的时候就很少与别人交流，来到公司后，虽然所有的领导都认为她是一个很有潜力的人，但就是因为她内向的性格让她错失了很多次晋升的机会。

有一次，她在工作中遇到一个以她现在的经验没办法解决的难题，但她又不想麻烦其他的人，可这个难题偏偏是老板布置给她的任务。思来想去，她觉得除了请教别人没有其他的办法，于是她鼓足勇气，走到同事的身边说："你能帮我一个忙吗？"同事很惊讶地看着她，面带微笑地说："当然，你说！"

这是邢燕第一次向别人求助，也是第一次与公司的同事有那么多的交流。经过这件事以后，她觉得自己不是一个人在作战，不管什么时候，身后总有一支强大的团队在支持着她。她觉得自己已经突破了封闭自己的内向心理，这种突破后的成就感让她觉得世界瞬间变得美好起来。从那以后，她就习惯了与同事讨论问题，工作效率也在原有的基础上有了很大的提高。

人活在世，每做成一件事之后都会带给你一种成就感，但在众多的成就感中，只有自我突破后的成就感才会带给你感动，带给你最美好的感觉。

成就感有大小之别。拿破仑带领大军横扫欧洲，所向披靡，翻越阿尔卑斯山时，口出狂言"我比阿尔卑斯山还高"，那成就感大得没了边。可是他的同胞雕塑家罗丹，尽管一生创造了大量的艺术精品，却在去世前表示"我才刚刚开始理解雕塑艺术的规律"。

人生在世，要活得有意义，就要努力奉献社会，造福人民，建功立业。因此，不论你是发明创造、著书立说、叱咤政坛，还是站岗放哨、耕耘农田、搏击商海，都会有成就感。反之，如果只是一味地吃喝玩乐，无所事事，从来不去尝试着突破自己，那么你这一生只能注定平平淡淡地生活。

19 改变：做不愿做的事

记住！这世界不是为你准备的

为什么巴菲特、比尔·盖茨、迈克尔·戴尔可以在商场上呼风唤雨，而你却卑微地被别人颐指气使？为什么成功者懂得怎么做可以得到自己想要的，而你却得不到？面对别人取得的成功，创造的奇迹，你只是投去羡慕的目光，并叹息自己命运不济。当你习惯了羡慕、习惯了叹息，为什么不去思考成功者在过去的10年甚至20年都做了些什么呢？

当你面临不愿意做的事并觉得委屈的时候，你是否想过，这个世界并不是只为你一个人准备的，你没有权利抱怨，对于生活的安排你只能接受，接受那些你不愿意做的事，并试着把它们出色地完成，然后你就会发现生活变得大不一样了。

要想更好地适应这个社会，取得更大的成功，首先，你应该主动了解这个社会，了解周围的环境，试着接受身边的人和事。然后用积极乐观的心态面对一切不如意的事情，真诚对待每一件事情，善待生活中出现的每一个人，从他们身上学习一些自己不具有的优良品质。

你可以把那些你不愿意做的事在一张纸上清晰地写出来，然后按照重要程度的顺序依次排列。向那些做过这些事的人请教，把做每件事的步骤及时间写在下面，并在后面备注做成这件事情你会得到什么收获，你的人生会有什么不同，以此作为激励。

肖扬是家里的独生子，从小就备受关爱，娇生惯养，这就养成了他自私的毛病。24 岁那年，依靠父亲的关系，他进了一家大型公司做业务经理。论实力，肖扬可以算是一个年轻有为的大好青年，但是身边的同事都知道，他是一个妄自尊大的人，对周围所有人的建议都熟视无睹，要求所有的人都得按他的要求做事。

有一次，公司要投入一个新的项目，老板让他带领部门的人一起把这个重要的项目完成。他欣然接受，觉得这是老板对自己工作能力的信任。很快他便制定了计划书，并召开部门会议安排这项计划的具体实施。有一位公司的老前辈指出他这项计划的疏漏，并说出了自己认为怎样才能把这项任务出色完成。但他根本不听这位前辈的意见，认为自己才是下属要服从的对象，他们就应该听从自己所有的安排。

结果，他因没有出色完成这项工作而遭到了老板严厉的批评。这时候他才意识到正是自己的自私才导致了今天的失败。

世界不是你的个人资产，你不可能让每一件事都按照你所期望的方向去发展，你也没有资格要求那些你所不希望的事情瞬间消失。你唯一可以做的就是试着改变自己的想法，改变自己对这件事情的态度，然后尽力把每一件事情都做好。只有这样你才能适应这个社会，才能征服身边那些对你不屑的人。

你是否遇到过这样一种人：他们对世界大声咒骂，觉得世界的发展轨迹背离了自己的期望。每当遇到这种人的时候，我都会笑着从他们身边走过。这样的人大多是自私的，他们一直把自己当作世界的中心自以为是，拎不清自己的分量，所以才会发出这样可笑的仰天长叹。

当你觉得身边的事情偏离了自己的期望时，不要烦躁，你应该时刻谨记着“这个世界不是为谁准备的”这句话，然后甩甩头，换张笑脸，勇敢面对这件事情，直到出色完成为止。这个时候你会发现，自己是多么的了不起，即使不能成为世界的中心，也要做自己的主人。

“不愿意做”绝对不是不做的理由

人的一生，有多少事情是自己不愿意做的，但是我们仍然在坚持呢？因为我们每个人都深知，要在社会上生存，改变自己的行为是必不可少的，否则又怎么在人才济济的社会中展现自己的光芒呢？所以，不要让“不愿意做”成为你放弃的理由。

人的性情不同，志趣不同，所以对待事情的态度也就会有所不同。比如，一个向往自由的人，就不愿被公司的规章制度压制着；一个喜欢平静的人就不愿接受销售这个压力山大的工作；一个性格内向的人就不愿抛头露面去见客户。

但这些不愿意并不能成为你不做这件事情的理由，你应该给自己足够的利益点。社会上肯定有很多不愿从事工作的人，但他们为什么还能在工作中表现得如此出色呢？那是因为他们知道工作能为自己带来牛奶和面包，能为自己的爱情带去养分；工作中的挑战，激起了他们昂扬的斗志，增加了自己对这份工作的自信。所以，他们才会努力把这件事情做好。

对待一件自己不愿意做的事情，首先，你要知道这件事情会为你带来什么，会让你的人生发生怎样的变化；其次，就是多对这件事情进行了解，找到解决这件事情的方法；最后培养自己的自信心，相信通过自己的努力，会把这件事情做到最好。

每一件你不愿意做的事情都会有一定的原因，所以你应该找到这个原因，根据这个原因调整自己的行为和态度，很多成功者都是从改变自己开始的。

成军一直都想拥有一家属于自己的公司，上大学的时候他就经常跟老师和同学谈论这个梦想。可大学毕业都两年了，他的公司始终都处在想象中。

他之所以不敢开始，是因为他觉得自己现在还不成熟，还年轻，有些事情可能会处理不好，所以才不愿意现在就开始着手公司的事情。

在一次同学聚会上，辅导员问成军公司现在怎样，成军回答说自己现在还不愿经营公司，说是再过一段时间再说。

辅导员知道成军并不是不愿意，只是他还缺乏自信，觉得自己现在能力不足。可是有些能力不尝试，不经历过，是永远也得不到的。

所以辅导员鼓励他说："不能因为不敢做而不去做，相信自己，只有勇于尝试才能成功，只有改变自己才能走得更远。"

成军听完辅导员的话后，想了很多。

他觉得自己不敢做，主要是怕失败。但不尝试，就连失败的资格都没有。所以，他决定改变自己不自信的态度，利用现在所掌握的知识完成自己的梦想。

三年后，同学们再见到他的时候，他已经是一家上市公司的老板。

人们不愿意做的事通常是那些自己认为不擅长的事，所以心里发怵，但其实这可能是人们对自己认识的误区。也许你并不是不可能把这件事情做好，你应该鼓励自己，给自己打气，一旦获得成功，你就会增加自信，在将来的工作中也就不会再胆怯了。

"不愿意做"绝不是你不做的理由。"硬着头皮、咬着牙"把你心里不愿意做的事情做得漂亮，将会比你做好自己擅长的事情有更大的收获，不信你试试。

挑战内心的固定思维，努力改变

固定思维是由先前的活动而造成的一种对活动的特殊心理状态或倾向性。在环境不变的情况下，运用这种思维可以轻而易举地迅速解决问题。而在情况发生变化时，则会妨碍采取更多创新的方法。

在创新成为人类进行生存竞争时不可或缺的素质时，依然采取一种墨守成规的生存姿态，无异于自我毁灭。所以，要学会挑战内心的固定思维。

随着时代的发展，很多事情依靠固定思维都不可能解决。若固定思维成为束缚我们创新的枷锁，阻碍创造性地解决问题，对于创新是不利的。我们要进行创新思维，必须突破思维定式，努力改变。

想要改变内心的固定思维，首先要区分经验与习惯的思维定式。经验是人类的宝贵财富，但习惯思维则是束缚人类思想进一步发展的枷锁。其次，遇到复杂的问题时，应抛开原来的惯常思考方法，换个角度、换个位置去思考问题。最后应该做的就是多查阅一些资料，从中找到一些切实可行的解决办法，这样有利于自己创新思维的培养，有利于改变自己的想法。

著名的科普作家、科幻小说家阿西莫夫，天资聪颖，他自己也一直为此而洋洋得意。有一次，他遇到一位汽车修理工，是他的老朋友。

汽车修理工对他说："嘿！好久不见！我出一道题来考考你的智力，看你能不能答出来。"阿西莫夫点头同意。

“有一位聋哑人，他想买几颗钉子。他来到一家五金店，对售货员做了个手势：左手两个手指头立在柜台上，右手握拳向立着的两根手指做敲击状。售货员见状，拿给他一个锤子，他摇摇头，指了指立着的两根手指。售货员就明白了，他想要的是钉子。这位聋哑人走后，店里又来了位盲人，他想买把剪刀，那么他应该怎么做?”修理工问。

阿西莫夫说：“这还不简单吗？他肯定会这样……”他伸出两根手指做剪刀状。

汽修工一听，哈哈大笑道：“你这个笨蛋，答错了。盲人想买剪刀，他只要开口说剪刀就行了，他只是眼睛看不到，嘴又不是不会说。”

智商很高的阿西莫夫不得不承认自己确实是一个“笨蛋”。同时他也知道自己之所以答错，是因为自己受之前的知识干扰了，没有打破那种固定的思维，所以才会遭到汽修工的取笑。

其实，并不是学到的知识多了，人就变笨了，而是人所学到的知识与经验会在头脑中形成一种思维，这种思维会占用大脑大量的内存，时刻保持着读写的模式。一旦遇到现实的事情，大脑就会毫不犹豫地把它们带入这种思维的框架，并沿着特有的路径对它们进行思考和处理。

改变是挑战内心固定思维的方式，无论何时都不能停止为自己的身体注入新鲜的血液，努力让新的知识改变自己的固有思维，敢于向常规挑战，突破自己原有的思维局限，培养自己的创新思维能力。

“硬着头皮、咬着牙”预见未来

未来，是一个会引起我们无限遐想的词语，每当遇到困难或挫折的时候，我们就把希望寄托在未来上面，总是会说“明天会更好”。不管今天的我们是如何的忍辱负重，总能在想到未来的时候浑身充满了斗志。

有很多很多这样或那样的机会，但它们不会自己落到你头上，而是要你去争取。你要告诉别人你想得到这个机会，如果有好几个人在争取，你就要告诉别人为什么应该给你而不是别人，为什么你更值得被信任。任何事情，如果有机会，就要挺身而出，捍卫自己的想法，试着改变自己。因为我们把所有美好的东西都寄托在未来，所以，即使前面的路再坎坷，即使会受到伤害，我们也要勇敢面对。勇敢地改变自己，按照规划，一步步走向未来的自己。

很多人把自己不愿意做的事情归于无能为力。如果你问一个身处贫困的人，为何不去开创一番事业时，他一定会说，如果我有这个资本，我还能像今天这样穷困潦倒吗？如果你去问一个只靠微薄薪水度日的人，为什么不去创业，他会反问你："万一失败了怎么办？"

人人都有一道看似无法翻越的围墙，但有的时候围墙就是你内心那个懦弱的自己为自己设下的障碍，所以，只有改变自己的心态以及生活的态度，你才能合理地规划自己的人生，才能看得到终点处美好的风景。

乔璐是一位优秀的年轻人，她对身边的每个人都很热情，身边的朋友都很喜欢她。但她认为自己是一个天生的失败者，上学的时候，她的成绩经常是班里的前几名，但是每到重要的考试，她都会发挥失常，最终拿不到好的名次。

高三的时候她是班里的前十名，所有的老师都说她考个重点大学是完全没有问题的，但她并不那么认为，她总说，自己是个不幸运的人，每次重要的考试都不能发挥自己原有的水平。

高考成绩印证了她的想法，她以三分的差距与重点大学失之交臂，只能在一所普通的大学度过自己的四年大学生涯。

有一次，一家大型企业到学校举办招聘考试。这是难得的一次机会，因为这家企业非常有实力，所以每个人都挤破脑袋想要进入这家企业。

室友们都填报了入职申请，只有她一个人没填。当好朋友问她为什么要放弃的时候，她说："我不行，在这种大型的活动中，我只会失败。"

"那你想过自己的未来吗？"朋友问。

"没有，我就是一个天生的失败者。"她有些自暴自弃。

"你需要改变自己的这种消极思想，好好规划下自己的未来，不然你就真的只是个失败者，连'小强'都不如。"朋友说。

听到朋友的话，乔璐真的很受伤，但她又觉得朋友说的话很有道理。于是，她决定开始改变自己这种消极的人生态度，每天都到图书馆看些能提升自己能量的书籍，虽然这种蜕变的过程很是煎熬，常常还会受到别人的冷嘲热讽，但她依然为自己的梦想坚持着。

知道自己想要什么的人是幸福的，因为只有了解这一点，才能有方向地为自己的目标努力，才能有改变自己的勇气，才能遇见更美丽的人生。